KB070917

원예치유의 길잡이

—— 원예치료 프로그램의 실제

저자 김영숙

머 리 말

　우리나라에 원예치료라는 개념이 도입된 지도 어언 20여 년의 세월이 흘렀습니다. 그동안 원예 치유라는 용어가 더 적합하다는 말이 생길 정도로 용어에 대한 인식의 변화가 있었습니다. 원예치료(원예치유)의 기본 개념은 '살아있는 식물과 오감에 의해 교제하며 원예 활동을 통해서 육체적 재활과 정신적 회복을 추구하는 것'으로 변함이 없습니다. 원예치료는 그동안 여러 분야에서 많은 분들이 노력한 덕분으로 짧지 않은 시간에 급속한 발전을 이루었고, 현재에도 원예 치유에 관심이 있는 사람이 여러 곳에서 땀을 흘리고 있습니다. 또한 원예치료에 심리상담 분야를 접목하여 대상자의 마음까지도 헤아려 치유의 효과를 더할 수 있는 원예 심리상담사의 활동이 요구되고 있습니다.

　원예치료는 처음에는 정신질환자나 장애인 중심으로 시도되었지만 현재에는 대상자가 광범위하게 확대되었습니다. 심한 스트레스를 받고 있는 전문 직종뿐만 아니라 유치원, 초등학생, 중등 학생, 노인 등 일반인을 위한 프로그램도 개발되고 있는 추세입니다.

　현대화, 기술화, 정보화된 사회로 우리의 삶이 향상되었다고는 하지만 오히려 산업화와 도시화로 인한 부작용의 폐해가 너무 커서 삶의 질이 위협받고 있는 상황입니다.

　특히 지난 2년여부터 현재까지도 코로나로 인하여 육체적, 정신적으로 힘든 나날을 보내고 있는 사람이 많습니다. 바깥출입과 모임이 다소 제한되고 일상적인 만남조차도 순조롭지 못한 상황에서 자칫 육체적, 심리적으로 위축되어 우울증 같은 질병을 염려하게 될 수도 있습니다. 자연스럽게 녹색의 애완동물이라 부르는 반려 식물에 관심을 가지게 되고 반려 식물을 키우는 원예 활동을 통한 심리적 재활이 큰 관심을 갖게 되었습니다.

본 저서는 다양한 집단에서 원예치료 혹은 원예 심리상담 프로그램을 실시하는 분들의 길잡이가 되기를 바라는 마음으로 집필하게 되었습니다.

그동안 전주교육대학교 평생교육원의 원예치료반 뿐만 아니라 익산시청, 완주군청의 원예 심리상담사과정, 특별히 전북대학교 고창 캠퍼스의 원예 치유 전문가 과정과 전북대학교 평생교육원에서 원예치료연구 과정(원예 심리상담사)을 이수한 원생들과 함께 연구하고 실습했던 프로그램을 선보이게 되었습니다. 특히 환경을 지키고 환경오염을 예방하며 환경에 관심을 갖게 하는 차원에서 플라스틱 등 자원을 재활용하는 프로그램에도 공을 들였습니다.

원예치료는 다른 대체의학과 마찬가지로 비 약물적인 치유의 개념으로 접근해서 심리적인 안정과 육체적 재활을 목적으로 하기 때문에 인내심을 갖고 다양한 원예 활동을 접하다 보면 원하는 좋은 결과를 얻을 것으로 생각합니다.

원예프로그램에 참여한 모든 분들이 식물을 관찰하며 즐거운 마음으로 집중할 때에 마음이 치유되어 더욱 편안하고 건강한 삶을 이어 나갈 수 있을 것입니다. 또한 프로그램에 참여하여 작품을 완성하는 과정에서 정서 순화는 물론이고 소근육의 발달, 자신감, 창의력 및 자존감이 향상될 것입니다. 이러한 목표를 위해서 원예치료사는 같은 프로그램이라 하더라도 대상자별로 심리를 파악하며 격려와 비언어적인 칭찬을 함으로써 자존감을 키워주는 역할을 할 수 있어야 할 것입니다.

본서는 매 프로그램마다 대상자에 맞는 목표를 설정하고 비교적 자세하게 전개 및 기대효과의 내용과, 사용된 식물에 대한 간략한 정리도 곁들였습니다. 실제 다양하게 컬러 사진으로 수록하였기 때문에 기존의 원예치료사(원예 심리상담사)나 현재 공부하고 있는 사람들 혹은 원예 관련 봉사자들에게도 중요한 길잡이가 될 것으로 생각합니다. 더불어 가정에서 원예에 관심 있는 분들의 원예 활동에도 도움이 될 것입니다. 다만 본서는 현장감을 살리기 위해 특별한 보정은 하지 않았음을 양해 부탁드립니다. 그동안 땀 흘려 수고해주신 교육생 여러분들에게 감사의 인사를 드립니다.

2022. 10.
저자   김 영 숙

차 례

Ⅰ. 원예란?

1. 원예의 정의

원예의 본래 의미는 울타리나 담장으로 에워싸인 밭에서 다양한 식물을 심고 가꾼다는 뜻으로, 원예(Horticulture)는 라틴어의 hortus(garden : 정원)와 culura (culture : 경작)에서 유래되었다. 17세기에 처음으로 Horticulture라는 영어로 표현되기 시작하였으며 일반적인 원예의 특징[2]은 다음과 같다.

- 장소 면에서 가까운 생활 주변에서 이뤄진다.
- 규모 면에서 작고 제한된 공간에서 이뤄진다.
- 대상 면에서 귀하고 비싼 식물을 대상으로 한다.
- 방식 면에서 자본, 노동, 토지, 기술 집약적이다.

1) 생산원예(일반원예)와 사회원예(생활원예)의 특징[9]

생산원예(Productive horticulture) : 과수원예, 채소원예, 화훼원예 등
- 대상(식물) 지향적 원예
- 고품질, 다수확, 저비용에 초점을 둔 원예
- 재배자 중심의 원예
- 생리적 삶(먹거리) 해결에 목적을 둔 원예

사회원예(Sociohoticulture) : 원예치료, 원예복지, 생활원예, 가정원예, 도시원예
- 관계(식물, 인간, 환경) 지향적 원예
- 기능성, 활용성, 예술에 초점을 둔 원예
- 소비자 중심의 원예
- 사회적 삶(삶의 질)에 초점을 둔 원예

과거의 전통적 원예는 생산원예가 주를 차지하고 사회원예는 극히 일부로 취미, 아마추어, 생활원예 등으로 명맥을 유지해왔으나 지금은 생산원예보다 사회원예가 급격히 부상되어 생활패턴 및 문화와 사회 전반에 큰 영향을 미치고 있다.

2) 식물의 효용과 기능[2]

(1) **1차 효용(생존성)** : 의식주 문제해결

산소공급, 이산화탄소의 흡수, 식량, 건축재료, 연료, 약재, 사료 등

(2) **2차 효용(생활환경)** : 식물을 이용해서 얻는 부가적인 이익

건축적 기능 : 구획을 명료화, 차폐의 기능, 프라이버시 보호, 경관 연출의 기능

공학적 기능 : 방음, 대기 정화, 방화, 침식방지 등의 기능

기후조절 기능 : 전반적으로 식물의 증산을 통한 미세 기후의 변화나 식물을
　　　　　　　심음으로써 바람길을 만들어 주는 것 등

환경지표 기능 : 식물별로 살 수 있는 환경이 다르며 해당 '지역에 살고 있
　　　　　　　는 식물의 분포를 확인하여 그 지역의 토양이나 환경이 어떤
　　　　　　　지 가늠. 예) 청정이끼

(3) 3차 효용(삶의 질)

원예치료 등 식물이 주는 이로운 점들

식물이 우리 인간의 삶의 질의 향상에 주는 영향

식물이나 자연환경을 보며 느끼는 심미적인 아름다움, 식물과 자연을 공부하
며 쌓게 되는 지적 능력 향상, 원예 활동 등을 하며 여가를 즐기는 레크레이
션적 측면이나 원예치료를 통한 치료적 효과 등을 말함

2. 식물의 기능

1차적 기능 : $CO_2 + H_2O---(CH_2O)_n + O_2 + H_2O$ (식량, 의복, 산소제공)

2차적 기능 : 정신적 위안, 정신 치료의 일환

1) 숲의 공기정화 기능 : 소음, 물과 대기 정화(숲을 통과하면서 먼지들의 정화)

피톤치드(phytoncide)를 방출하여 인간의 스트레스 해소와 자율신경의 진정

바람과 소음을 경감하고 미세먼지의 흡수 및 대기오염을 줄여 공기정화 기능

2) 음이온의 발생 : 신진대사 촉진하고 혈액을 정화시켜주며 쾌적한 환경제공

- 양이온 : 혼탁한 도회지, 통기 불량한 실내공기, 폭풍우 전에 발생
- 음이온 : 자외선, 폭포, 삼림, 계곡의 물가 등 물 분자가 격렬히 운동하는 곳
  자율신경 진정, 불면증 없애고 신진대사 촉진, 혈색 정화, 세포의 기능 강화

3) 휘발성 물질의 방출 : 삼림에서 나오는 상쾌해지고 마음이 안정되는 물질

식물에서 발생되는 휘발성 물질(테르펜 terpene)

- 정유, 수지 : 진정 효과, 정신건강 유지에 큰 역할, 세균, 곰팡이 등을 죽이
  거나 생육 억제

4) 온, 습도 조절 : 냉, 난방 효과(여름 2℃ 낮추고 겨울 2℃ 높여 줌)

환경적인 효과 : 지구환경은 산업화와 도시화에 따라 녹지공간이 점점 줄어
들고 생태계가 파괴되고 있음

지구온난화, 오존층의 파괴, 해수면상승, 온실가스 증대 등

5) 야생동물과 곤충의 서식지 제공 :

지구 생태계를 보존하며 윤택한 환경 조성이 가능케 함

6) 오감의 자극

- 미각, 후각 : 육신의 건강효과

- 시각, 청각, 촉각 : 정서와 사색으로 정신적인 보양 효과
7) 삼림욕 : 휴양림
- 신체의 리듬 회복
- 음이온이 자율신경을 조절, 질병과 스트레스 감소

3. 원예 활동

살아있는 식물과 오감에 의해 교제하며 식물이 요구하는 정보를 파악하는 것(감각 체험)과 그것에 대하여 사고하고 신체를 사용하여 동작하는 것(동작 체험)의 관계가 통합되어 있다. 즉 원예는 감각 체험과 동작 체험의 상호작용을 동원하여 발육하는 식물과 지속적으로 교제하는 활동이다. 식물을 이용한 본능적 반응이 충족될 경우, 감각 체험과 동작 체험을 통하여 식물의 수확과 가공, 식물을 이용한 예술작품의 완성 추구, 식물의 기능적 활용, 자아실현의 도구 등을 추구하게 되는데 이러한 반응을 창조적 반응이라 할 수 있다.[9]

1) 가정원예(home gardening)란?

가정생활에 윤택함과 즐거움을 주기 위하여 행하는 원예로 취미와 영리를 겸해서 야채나 화훼류(花卉類), 과일 등을 재배하는 것을 말한다. 정원에서의 재배는 물론이고 정원이 없는 경우에도 옥상이나 베란다, 실내 등 좁은 공간을 이용하여 생활에 싱그러움을 주게 된다. 식물을 감상하고 수확하는 것은 남이 재배한 것을 사는 것과는 다른 즐거움과 재미가 있으며, 나아가 가정의 화목을 이루는 하나의 방법이 될 수도 있다.

2) 생활원예란?[2]

식용과 미적 만족을 위해 원예식물을 기르거나 감상하는 것을 말하며 이루어지는 장소나 공간에 따라 실내원예와 실외원예로 나눌 수 있다. 그 종류는 다음과 같다.
- 식물 재배 : 가꾸기(난, 잔디, 허브, 야생화, 분재), 가정채소, 가정과수
- 이용 공간 : 실내원예, 화단 원예, 주택정원, 베란다 원예, 발코니원예
- 용기 소품 : 테라리움, 디시가든, 비바리움, 공중걸이, 벽걸이
- 절화 이용 : 화훼디자인(꽃꽂이, 화환, 코사지 등), 말림꽃, 누름꽃, 포푸리
- 효용 가치 : 원예치료, 도시원예, 사회원예, 환경원예, 관상원예, 후생원예

- 생활원예의 효과[2]
  1) 인간의 정서를 함양한다.
  2) 인간의 질병을 치료한다.

11

3) 여가선용의 좋은 수단이 된다.
4) 쾌적한 환경을 조성한다.
5) 신체적 건강을 증진한다.
6) 자연을 배우고 이해하게 한다.
7) 가족 간 유대를 강화한다.
8) 노후생활에 도움이 된다.
9) 청정식품을 제공해 준다.
10) 구매촉진의 효과를 준다.

3) 물주기의 주의사항

(1) 봄, 가을에는 1일 1회.
(2) 겨울에는 3-4일에 한번 정도 따뜻한 날.
(3) 초화류의 꽃에는 가능하면 물이 닿지 않도록.
(4) 햇빛이 강한 여름에는 일소현상 주의.
(5) 겉흙이 말랐을 때 화분 구멍으로 물이 스며 나올 때까지 2-3일에 한 번.
(6) 화분 표면의 흙이 마르기 전에 물을 자주 주면 뿌리가 썩기 쉬움.
(7) 한여름이나 겨울에는 너무 차갑거나 뜨거운 물을 주지 않도록 주의.

4. 원예식물의 분류
가. 식물 분류 의의와 방법
(1) 분류의 의의

① 원예식물은 종류가 다양하다.(이끼류)

② 분류집단의 속성을 알 수 있다.(가지과)

③ 정보를 종간에 교차 적용할 수 있다.(배추와 순무)

④ 재배와 이용에 실용적 도움을 준다.(무추 = 무와 배추)

나. 식물의 분류[12]
1) 재배 특성에 의한 화훼식물의 분류
(1) 1, 2년 초화류(한두 해 살이 식물)
종자를 파종하면 발아 후 1년 이내에 개화하고 결실하여 일생을 마치는 화훼류로 파종 시기에 따라 춘파 1년 초와 추파 1년 초로 분류할 수 있다.

① 일년초화류(annuals)는 종자를 파종하면 발아 후 1년 이내에 개화하고 결실하여 일생을 마치는 화훼류이다. 생육기간이 짧고 개화가 일시에 이루어지기 때문에 대개 화단용으로 많이 이용된다. 파종 시기에 따라 다음과 같이 구

분한다.

 ㈎ 춘파 1년초

  대부분 열대 및 아열대 원산의 1년 초이다. 고온과 건조에는 비교적 강하지만 추위에 약하다. 꽃눈은 단일상태(短日狀態)에서 분화하고 발육하여 개화하게 되는 단일성 식물로 일장이 짧아지는 여름-가을에 개화한다.

  예) 과꽃, 채송화, 코스모스, 나팔꽃, 봉선화, 해바라기, 백일홍, 맨드라미, 색비름, 메리골드, 일일초, 샐비아 등

 ㈏ 추파 1년초

  대부분 온대나 아한대 원산의 식물이다. 가을의 서늘한 기온에서 잘 발아하여 자라고 저온을 어느 정도 경과시킴으로서 화아 분화가 촉진되고 가볍게 서리 방지를 한 곳에서 월동하며 대부분 봄의 장일온난(長日溫暖)한 상태에서 개화하는 장일성식물이며 더위에는 약하여 고사한다.

  예) 수레국화, 안개초, 팬지, 페츄니아, 데이지, 금어초, 스토크, 패랭이꽃, 과꽃, 루피너스, 스위트피, 금잔화 등.

 ② 2년 초화류

  월년생식물이라고도 한다. 종자를 파종한 후 한 해 겨울을 넘긴 이듬해에 꽃을 피우고 열매를 맺는 식물로 첫해는 영양생장만 하고, 다음 해 꽃이 피고 결실 후 고사한다.

  예) 패랭이꽃, 종 꽃, 접시꽃, 달맞이꽃, 디지탈리스 등

(2) 숙근초화류

겨울에는 해마다 지상부는 고사하고 뿌리 부분은 살아남아 생육을 계속하는 초본성 화훼류로 여러해살이풀이라고도 한다. 화단용 또는 절화용으로 많이 이용되며, 영양번식을 주로 하기 때문에 품종고유의 특성을 유지할 수가 있다.

- 노지 숙근초 : 온대 또는 아한대 지방이 원산으로 내한성이 강하여 노지에서도 월동이 가능
  예) 접시꽃, 원추리 숙근 아이리스, 옥잠화, 용담, 작약, 루드베키아, 꽃잔디 등
- 반노지 숙근초 : 온대 원산이면서 내한성이 약하여 겨울 동안 짚 등으로 보온을 해주어야 하는 숙근초 예) 국화, 카네이션 등
- 온실 숙근초 : 열대 및 아열대 원산으로 내한성이 매우 약하여 겨울에는 온실에서 재배되는 숙근초 예) 베고니아, 거베라, 제라늄, 숙근 안개초, 스타치스, 안스리움, 네프로네피스, 아스파라가스 등

(3) 화목류

아름다운 꽃이 피는 목본식물로서 온실 화목, 관목 화목, 교목 화목 등으로 분류

- 온실 화목 : 수국, 하와이무궁화, 익소라, 꽃치자
- 관목 화목 : 장미, 무궁화, 철쭉, 진달래, 명자나무, 라일락, 개나리, 모란
- 교목 화목 : 동백나무, 박태기나무, 배롱나무, 벚나무, 목련, 산수유, 매화

(4) 구근 초화류

숙근초 가운데 구근을 형성하는 화훼식물이다.

① 춘식구근 : 노지에서 월동이 불가능하여 가을에 수확하여 저장 후 봄에 심는 구근으로 고온, 장일 조건에서 생육 및 개화가 촉진된다.

  예) 칸나, 다알리아, 글라디올러스, 아마릴리스, 칼라 등

② 추식구근 : 서늘한 기후조건에서 잘 자라며 고온에서는 생육이 불가능하다. 여름 고온기에 구를 땅속에 그대로 두면 썩기 쉬우므로 반드시 캐서 저장 후 가을에 심는다. 노지에서 월동이 가능하며 겨울 동안 휴면이 타파되어 이듬해 봄에 일장이 길어질 때 개화한다.

  예) 튤립, 나리, 아이리스, 수선화, 라넌큘러스 등

③ 온실구근 : 내한성이 약하여 노지에서는 월동이 불가능하기 때문에 온실에서 재배한다.

  예) 아네모네, 시클라멘, 히아신스, 글록시니아, 프리지아 등

- 구근의 형태에 따라
  ㈎ 인경(鱗莖 : 비늘줄기) : 튤립, 수선화, 나리류, 히아신스, 양파 등
  ㈏ 구경(球莖 : 알줄기) : 글라디올러스, 크로커스, 프리지어 등
  ㈐ 괴경(塊莖 : 덩이줄기) : 감자, 아네모네, 칼라, 시클라멘, 칼라디움 등
  ㈑ 괴근(塊根 : 덩이뿌리) : 다알리아, 라넌큘러스, 고구마, 작약 등
  ㈒ 근경(根莖 : 뿌리줄기) : 칸나, 수련, 아이리스, 생강 등.

(5) 관엽식물

잎의 모양, 색깔, 무늬 등을 보고 즐기는 식물을 관엽류라고 한다. 이들은 주로 열대나 아열대 원산의 것이 많으며, 늘 푸른 잎을 유지하는 것이 특징이다. 일반적으로 삽목이나 분주 등과 같은 영양번식을 하며, 고온성으로 수분을 많이 요구하고, 건조에 약한 것이 특징이다. 반면에 약광에도 잘 견디기 때문에 화분에 심어 실내장식용으로 많이 이용된다.

- 초본 관엽 : 베고니아, 아나나스류, 칼라디움, 네프로네피스, 아디안텀, 엽란, 디펜바키아류, 아스파라가스, 몬스테라, 스킨답서스, 싱고니움, 스파티필럼 등
- 목본관엽 : 고무나무, 야자류, 소철류, 파키라, 쉐플레라, 팔손이나무 등

(6) 선인장 및 다육식물

다육식물(선인장 : succulents and cacti)은 건조한 지역에서 잘 견딜 수 있도록 비대한 잎이나 줄기에 많은 수분을 저장하는 식물을 말한다. 일반적으로 삽목, 접목, 분주와 같은 영양번식을 하며, 사막과 같은 고온 건조한 지방이 원산지이기 때문에 건조에 강하고 고온에서 잘 자란다. 선인장의 가시는 잎이 변태된 것

① 선인장 : 가시자리가 있는 것이 특징

　　예) 비모란 선인장, 공작선인장, 부채선인장, 기둥선인장, 게발선인장

② 다육식물 : 칼랑코에, 용설란, 알로에, 채송화, 에케베리아, 유카, 돌나물 등

• 재배요령

　햇빛이 충분하게 비취는 곳에서 재배해야 한다.

　실생(종자번식)과 삽목, 접목, 분주와 같은 영양번식을 한다.

• **가시의 역할**

　증산 방지, 수분 모아줌, 온도조절(빛 반사), 야생동물로부터 보호

(7) 난과 식물

난초류(orchids)는 단자엽식물 가운데 가장 진화된 식물로서 원산지에 따라 열대란(양란, 서양란)과 온대란(동양란)으로 분류한다. 관념적으로 한국, 중국, 일본 등지에서 자생하는 난류를 동양란이라 하고, 동남아나 중남미의 열대지방 원산의 난을 양란(서양란)이라 한다. 일반적으로 동양란은 온대란으로 잎의 자태와 꽃의 향기를 즐기는 반면, 서양란은 열대란으로 꽃의 화려함을 즐긴다. 생태학적으로는 지생란과 착생란으로 구분하는데, 뿌리를 땅속에 내리는 것을 지생란이라 하고 나무나 돌 등에 착생하는 것을 착생란이라 한다.

• 동양란

　우리나라를 포함한 중국과 대만, 일본 등, 온대 기후대에서 주로 자생하는 심비디움 속 식물을 칭하는 말로 꽃은 화려한 편은 아니지만 향기를 지닌다.

　예) 춘란, 보세란, 한란, 건란, 금능변, 사란 등

• 서양란

　동남아, 중남미의 열대지방 원산의 난으로 비교적 더운 기후를 좋아한다. 동양란에 비하여 꽃이 크고 화려하다.

　예) 카틀레야, 심비디움, 팔레높시스, 온시디움, 덴드로비움, 반다, 파피오페디움

• 자생란

　우리나라 전역에 자생하고 있는 난류를 말한다.

예) 풍란류, 석곡, 새우난초류, 복주머니란, 자란, 사철란, 해오라비란, 금난초

(8) 수생식물

수중식물이라고도 하며 물이라는 단일 환경 속에서 생육하므로, 뿌리, 줄기, 잎, 꽃눈 등의 형태가 수중생활에 적응하여 뚜렷이 변형되어 있으며 줄기, 잎, 뿌리에 통기조직이 잘 발달 되어 있다.

● 수생식물의 구분

수생식물은 습성, 즉 생육지(자라는 곳)에서의 생활형에 따라서 구분한다.

① 고착성 수생식물 : 뿌리를 땅속에 내리는 것
  • 정수식물(추수식물) : 습지의 가장자리에 살며 식물체의 밑 부분만 물속에 잠긴 식물. 갈대, 미나리, 애기부들, 창포 등
  • 침수식물 : 식물체가 완전히 물속에 잠긴 식물. 검정말, 붕어마름 등
  • 부엽식물 : 뿌리를 물속 바닥에 내리고 물 위로 잎이 뜨는 식물
                수련, 어리연꽃, 마름 등
② 부유성 수생식물 : 물 위에 떠서 사는 식물
                개구리밥, 좀개구리밥, 부레옥잠, 생이가래, 워터라터스 등

(9) 식충식물

  • 포충낭을 가진 종류 : 네펜데스, 통발 등
  • 포충엽을 가진 종류 : 끈끈이주걱, 긴잎끈끈이주걱, 벌레먹이말 등
  • 선모(腺毛)가 밀생하는 형태 : 벌레잡이제비꽃, 털잡이제비꽃 등

2) 식물적 분류

식물분류학에서 이용되는 단계적 분류군(分類群, taxon)의 단위[2]는 위로부터 계(界, kingdom), 문(門, division 또는 phylum), 강(綱, class), 목(目, order), 과(科, family), 속(屬, genus), 종(種, species)의 순이다. 원예학에서 실용적으로 중요한 분류단위는 과 단위 이하이다.

(1) **선태식물** - 이끼류를 말하는데 유관속이 발달하지 않는 하등식물로 포자로 번식하며 지피용, 토피어리 제작, 관상 장식용 등으로 이용된다.

(2) **양치식물** - 양치식물은 유관속이 발달하는 고등식물로 포자로 번식하고 식용 또는 관상용으로 이용된다.

(3) **나자식물(겉씨식물)** - 자방이 없고 종자가 노출되어 있으며 은화식물로 단일수정을 한다. 다자엽이며 침엽에 엽맥은 평행상이며 가도관이 발달한다.

(4) **피자식물(속씨식물)** - 자방 안에 종자가 들어있으며 현화식물(꽃이 피는 식

물)로 중복수정을 한다. 잎은 활엽에 엽맥은 망상(쌍자엽) 또는 평행상
(단자엽)이며 도관이 발달한다.

- **종자의 배에 발달하는 자엽의 수에 따라 구분**

(1) **단자엽식물** - 자엽이 1개이고 엽맥이 평생상이며 줄기에 유관속이 흩어져
있다. 뿌리는 섬유근계이며 꽃잎은 3배수이다.

(2) **쌍자엽식물** - 자엽이 2개이고 엽맥은 망상이며 줄기의 유관속은 환상으로
배열한다. 뿌리는 주근계이며 꽃잎은 4-5의 배수이다.

한 작물에 대한 정보를 알고 있으면 그의 근연종의 특성을 이해하는 데 유용
하다. 어느 작물의 환경적응성이나 병충해 저항성 등은 근연종 간에 서로
유사하며, 유전적으로 교잡화합성이나 접목친화성 등의 유무를 추정하는 데
도움이 된다.

3) 원예적 분류

원예적 분류(horticultural classification)는 재배 또는 이용상의 편의성을 고려
하여 분류하는 방법이다. 먼저 이용 대상 작물에 따라 채소, 과수, 화훼로 분류
하는데, 현재 가장 널리 이용되는 분류법이다.

(1) 채소

① 원산지에 따른 분류 : 서양채소, 동양채소

② 식용 부위에 따라 분류

- 엽채류 : 배추, 상추, 시금치, 브로콜리, 꽃양배추, 아티초크, 마늘, 양파
- 화채류 : 브로콜리, 콜리플라워, 아티쵸크
- 경채류 : 죽순, 아스파라거스, 감자, 콜라비, 와사비
- 근채류 : 무, 당근, 순무, 우엉, 고구마, 마
- 과채류 : 완두, 강낭콩, 오이, 호박, 참외, 수박, 가지, 토마토, 고추

(2) 과수

① 온대과수(낙엽과수)

- 교목성 인과류 : 사과, 배, 모과
- 핵과류 : 복숭아, 자두, 살구, 매실
- 각과류 : 밤, 호두, 개암
- 기타 : 감, 대추, 석류, 무화과
- 관목성 : 나무딸기, 블루베리.
- 덩굴성 : 포도, 머루, 키위(참다래)

② 열대과수(상록과수)

- 목본성 : 감귤류(온주밀감, 레몬, 유자, 금감, 하귤)

• 초본성 : 바나나, 파인애플

(3) 화훼

화훼는 꽃만이 아니고 녹색의 잎도 중요한 이용 대상이 된다. 따라서 화훼는 대상 식물이 광범위하고, 그에 따라 체계적인 분류가 어떤 원예 분야보다도 절실하다. 일반적으로 화훼는 이용 방법에 따라 절화용, 화단용, 분식용, 정원용 등으로 분류하며, 재배 또는 이용 장소를 기준으로 하여 노지화훼와 온실 화훼로 구별하기도 한다. 그러나 가장 많이 활용되는 분류 방법은 식물의 생활환, 식물학적인 특성 등을 기준으로 일년초, 숙근초, 구근류, 관엽식물, 선인장류, 난류, 화목류 등으로 분류하는 것이다.

• 용도에 따른 분류

- 절화용 : 잘라서 꽃꽂이 등에 사용하는 것으로 꽃줄기가 길다.

- 분식용 : 화분에 심어서 이용하는 것으로 꽃과 함께 잎도 감상한다.

- 화단용 : 실내외의 화단에 이용되는 화훼작물이다.

5. 식물의 번식

식물을 번식시키기 위한 방법은 크게 두 가지로 나눈다.

1) 종자번식

꽃이 진 뒤에 결실을 맺는 열매의 씨앗으로 번식하는 것으로 유성번식이라고도 하며, 가격이 저렴하고 번식하기 쉬운 장점이 있다. 종자 파종은 생활사의 전 과정을 볼 수 있어 장애인들에게 의미 있는 원예활동이 될 수 있다. 또한 원예치료 시 손을 사용할 수 있고, 눈과 섬세한 근육 활동을 아울러 시행할 수 있는 장점이 있다. 작업의 효율성을 위해서는 대립종자를 선택하는 것이 좋고 소립 종자의 경우 대상자의 특성을 고려한다.

• 파종 시기 : 작물의 종류와 품종에 따라 적당한 시기가 있으며, 그 시기도 각 지방에 따라 다르다. 파종 적기는 기온·습도·햇빛 등이 씨의 발아에 알맞고 자라는 동안에도 생육조건이 알맞은 시기를 말한다. 종자의 형태와 종류는 매우 다양하므로 원예치료 적용 시 사전에 원예치료사가 대상자에게 숙지시켜야 할 사항이 많은 편이다.

• 파종 방법 :

- 산파 : 씨를 밭 전면에 고르게 헤쳐 뿌리는 법

- 조파 : 일정한 거리로 뿌림골을 만들고 그 위에 씨를 줄로 뿌리는 법

- 점파 : 뿌림골 안에 일정한 거리를 두고 씨를 점점이 뿌리는 법
- 적파 : 점파와 비슷한 방식으로 뿌릴 때 한곳에 여러 개의 씨를 뿌리는 법

• 파종량은 작물의 종류·품종·기후·토질·파종 시비량, 재배목적 등에 따라 다르다.

• 파종 절차는 먼저 정지와 시비를 하고 간토(비료가 종자에 닿지 않도록 약간 흙을 덮는 것)를 한 후에 복토(씨를 뿌리고 나서 다시 흙을 덮어주는 것)를 한다. 복토를 행하는 목적은 싹트는 데 알맞은 물기를 주고 싹튼 뒤에 뿌리의 발육을 좋게 하며, 조류(鳥類)나 비바람에 유실되는 것을 막기 위해서이다. 복토의 깊이는 대체로 씨 길이의 2배 정도이지만 작물의 종류·기후·토질에 따라 달라진다.

2) 영양번식

식물에서 생식세포가 관여하지 않고 뿌리나 줄기, 잎 등 영양기관에 의해 번식하는 무성생식을 말한다. 식물의 일부분을 떼어 내어 번식시키는 방법으로 식물의 세포는 전체형성능(全體形成能)이 있어서 식물체 일부의 기관이나 조직, 세포로부터 완전한 식물체가 될 수 있는데, 이 방법을 이용한 번식 방법을 무성번식(영양번식)이라고 한다. 영양번식의 종류는 다음과 같다.

(1) 꺾꽂이(삽목)

식물체의 일부인 뿌리, 줄기, 잎 등을 잘라 내어 심으면 잘라 낸 부위에서 새로운 뿌리, 줄기, 잎이 생겨 하나의 완전하고 독립된 식물체를 만든다(전체형성능). 식물을 번식시키는 데 가장 많이 사용하는 방법으로 종자로 번식하기 힘든 식물을 번식시키기에 아주 유용하다. 농장에서 식물을 키워 상품화하려면 식물의 크기나 형태를 균일하게 하는 것이 좋은데 이러한 이유로 꺾꽂이 방법을 많이 사용한다.

① 꺾꽂이를 잘 하기 위해서는 좋은 꺾꽂이 순(삽수)을 고르는 것이 중요하고, 햇빛이 잘 드는 곳에서 자란 튼튼한 줄기가 좋다.

② 식물에 따라 꺾꽂이 할 흙이 조금씩 다르지만 집에서 사용한 경우, 일반적인 분갈이용의 깨끗한 흙을 사용하면 문제가 없다. 단, 외부에서 퍼온 흙에는 균이나 해충이 섞여 있을 수 있으므로 피하는 것이 좋다. 일반적으로 삽목 용토는 배수가 잘 되며 병충해가 없는 무균의 인공토양이 적당하다.
잎과 줄기가 얇은 식물의 꺾꽂이 순은 물에 1시간 정도 담근 후 삽목한다.

③ 다육 식물은 1-2일, 길게는 2주 정도 잘린 부위를 말린 후에 심는 것이 좋다. 상처 부위가 작으면 그냥 사용해도 좋지만 상처 부위가 클 경우, 절단 부위에 세균이 침투하여 식물이 물러서 죽게 된다.

④ 꺾꽂이를 할 때에는 식물의 잘라 낸 단면이 상처가 나지 않도록 흙에 구멍을 뚫어 가지를 꽂아 주는 것이 좋다.

⑤ 꺾꽂이 후에는 햇빛이 들지 않는 서늘한 곳에 두고 너무 습하지 않게 관리한다.

⑥ 뿌리가 났는지 확인하려고 자꾸 뽑아보면 안 된다. 식물에 따라 다르지만 뿌리가 나오는 데 1-2개월이 걸리므로 인내하는 마음으로 느긋이 기다린다.

(2) 줄기삽(경삽)

삽수를 모주로부터 채취한다. 길이는 10cm 정도로 꽃과 눈은 에너지 소비를 막고 뿌리 발근을 촉진하기 위해 제거하고 잎은 증산을 억제하기 위하여 위 부분의 잎만 남겨두고 아래 잎은 제거한다.

식물로부터 삽수를 조제할 경우, 마디가 있는 것을 사용하여 재식 시 마디 부분을 땅에 묻듯이 심는다. 새순이 굳기 전 잎을 부착한 상태로 6월경에 삽목하는 녹지삽과 3-4월경 새순이 완전히 굳어서 목질화된 가지를 삽목하는 숙지삽이 있다.

(3) 잎꽂이(엽삽)

엽삽은 엽병을 포함하거나 또는 엽신만으로 삽목을 하는 것으로 줄기에 달려 있는 눈은 사용하지 않으며, 주로 베고니아, 세듐, 바이올렛 등에서 이용된다. 잎의 크기가 큰 편인 잎 베고니아 등은 잎 자체로부터 새로운 식물체를 생산해 낸다. 액아를 붙여서 삽목하는 것은 엽아삽(Leaf-bud cutting) 이라고 한다. 삽목은 종자 파종이 힘든 관엽식물 등에 많이 이용되며 작업 테이블만 있으면 장소와 대상자도 구애받지 않으므로 원예치료 프로그램에 이용되는 번식 방법이다.

(4) 취목(取木)

취목은 줄기가 새로운 뿌리가 나오는 동안 모주(母株)로부터 계속하여 양분과 수분을 공급받을 수 있는 방법으로 발근 후 새로운 식물은 모주로부터 분리하여 적절한 토양에 심는다.

접란, 범의귀, 아이비, 딸기, 베고니아 및 공중걸이용 식물 등에서 주로 이뤄진다. 공중취목은 초장이 길거나 아래 잎이 떨어져 외관상 보기가 좋지 않을 때 하는 방법으로 디펜바키아, 드라세나류 등에서 이뤄진다.

(5) 분주(分株)

식물번식 방법으로 원예치료 시 자주 이용되는 방법으로 모주로부터 측지를 분리시켜 번식시키는 방법으로 유묘는 적어도 모주 크기의 2분의 1 정도는 되어야 한다. 바이올렛, 양치식물류, 난, 파인애플과 식물, 알로에 등은 분주에 의하여 번식 시키고, 백합, 히야신스, 튤립, 수선화 등 구근식물은 분구하여 심는다.

(6) 기타 알뿌리 화초재배

구근 화훼류는 꽃이 유난히 화려하고 좋으므로 프로그램을 처음 시작할 때 꽃이 만개한 그림을 보여 주며 대상자들의 관심을 유도하면 좋다. 화려한 색상의 꽃들로 관심이 가는 꽃을 선택하게 하여 자극 정도를 높여주는 효과가 있다. 저온 처리되어 휴면이 타파된 히야신스, 수선화, 아마릴리스 등이 주로 이용된다.

- 수분(pollination) : 꽃가루가 암술머리에 닿는 과정으로 스스로 수분을 하는 경우와 수분 매개체를 필요로 하는 경우에 따라 풍매화, 충매화, 조매화로 나뉜다.
- 수정(fertilization) : 꽃가루의 정핵과 암술의 난핵이 결합되는 과정으로 한 꽃 안에서 수정이 이루어지는 자가수정(自家受精)과 다른 꽃의 꽃가루로 수정이 이루어지는 타가수정(他家受精)이 있다.[4]

6. 실내식물과 건강증진

1) 식물의 기능

① 심리적 기능

② 미적 기능

③ 환경적 기능

④ 보건적 기능

⑤ 공기정화 기능

2) 광합성과 호흡작용[10]

식물의 광합성은 대표적인 동화작용이고, 호흡작용은 대표적인 이화작용이다.

광합성은 광 에너지를 수용하여 탄산가스를 포도당으로 환원시키는 동화작용이고, 호흡작용은 생성된 포도당을 산화시키면서 에너지를 방출하는 이화작용.

탄산가스 + 물 〈----〉 포도당 + 산소

$6CO_2 + 12H_2O + 빛 에너지 --- C_6H_{12}O_6(포도당) + 6O_2 + 6H_2O$

3) 식물의 유익한 점

① 실내공기를 정화시킨다.

② 음이온을 발생시킨다.

③ 방향성물질 및 향기를 방출한다.

④ 심미적, 시각적 선호도가 높다.

⑤ 소음을 경감시키는 작용을 한다.

⑥ 실내의 공기흐름을 방해하지 않는다.

⑦ 차광효과를 가진다.

⑧ 심리적 안정과 회복을 주며, 인간의 본능적인 고향을 느끼게 한다.

⑨ 환경의 변화에 대한 적응력이 크다.

⑩ 필요에 따라 장소를 옮길 수 있는 이동성이 있다.

7. 식물의 공간장식 효과

1) 실내식물과 관엽식물

실내식물 즉 관엽식물들은 실내에 배치되어 미적인 즐거움과 동시에 심리적, 정신적 건강에 유익함을 줄 뿐만 아니라, 우리 인간의 생활에 있어 육체적인 건강에도 지대한 역할을 하고 있다. 실내장식에 사용된 자재들로부터 나오는 오염물질은 호흡기 감염, 두통, 침울, 피로, 알레르기, 천식 등과 같은 질병을 유발시킬 수도 있다.

- 실내식물 : 실내로 들여와 심고 기르며 생육할 수 있는 식물
- 관엽식물 : 주로 열대, 아열대산 식물로 잎의 색이나 모양이 특이하여 잎의 아름다움을 관상하는 식물
- 실내식물의 필요성 :
  식물은 스트레스 해소, 실내 환경정화, 살아있는 공기정화 장치로 온도 조건만 맞으면 낙엽지지 않고 항상 녹색 잎을 유지하기 때문에 가정이나 사무실 꾸미기에 적당하다.
- 실내식물의 적합한 환경조건
  광 : 부드러운 반음지 상태의 광
  여름 : 직사광선 주의, 겨울 : 따뜻한 장소
  온도 : 우리나라 5-9월이 관엽식물 자생지의 기후와 비슷하므로 10월 이후 실내로 옮김

2) 관엽식물 기르는 방법

(1) 물주기

봄, 가을 : 2-3일에 한 번씩 화분의 바닥으로 물이 흘러내릴 정도

여름 : 오전이나 오후에 한번, 7-8월 : 하루에 두 번, 겨울 : 주 1-2회 정도로

실내에서 기르기 때문에 식물체가 건조하지 않도록 분무기로 스프레이 한다.
(2) 배양토 : 배수성, 통기성이 좋은 토양으로 2-3년에 한 번 정도 분갈이

3) 생활공간에서의 식물의 역할[e)]

(1) 환경적 효과
- 실내 오염물질 제거에 의한 공기정화
- 휘발성 유기화합물(VOCs : Volatile Organic Compounds) 제거
  (벤젠, 포름알데히드 등)
- 미세먼지 제거 및 식물에서 방출하는 음이온, 향 등에 의한 환경개선
- 실내온도의 급속한 변화 및 온도조절 효과
- 건조한 실내에서의 공중습도 제공 및 풍향, 풍속 조절
- 소음경감 및 음향 조절
- 녹지효과로 시각적 안정성 도모

(2) 장식적 효과
- 선형미, 색채미, 구성미 등 장식적 효과
- 식물 고유의 냄새와 아름다운 꽃향기 제공
- 실내정원 등은 조각물이나 그림처럼 작품성 제공

(3) 건축적 효과
- 공간의 분할과 동선의 유도를 가변성 있게 활동
- 차폐효과를 이용하여 시선의 부분적 차단과 사생활 보호
- 건축물의 녹화는 건물의 미적 기능향상과 상징성 제공을 통한 이미지 부각
- 건물 재료의 경직성을 완화시켜 안정감 제공

(4) 여가 활동 효과
- 휴식 공간의 제공, 취미활동 및 여가선용

(5) 치료적 효과
- 원예치료법을 이용한 정신질환 치료
- 건전한 정신건강 유지

4) 실내부위별 식물의 선택
- 실내에서 키우는 식물을 선택할 때는 각 가정의 환경을 파악하고 장소에 맞는 식물을 선정하는 것이 중요
- 거실, 침실, 주방, 화장실, 현관 등 화분을 놓을 위치를 확인한 뒤 공기정화, 관상용, 수분 공급, 새집증후군 물질 제거 등 목적과 환경에 맞는 품종 선택
- 전자파를 차단해 주는 관엽식물 등

(1) 거실

거실은 다른 곳에 비해 넓고 가족 모두가 즐기는 공간이므로 밝고 산뜻하게 연출하는 것이 좋다. 바닥에 화분을 놓는 것 이외에 공중걸이 화분, 벽면부착 화분, 그리고 다양한 스탠드를 이용하여 식물을 기르는 것도 한 방법이다. 떡갈잎고무나무, 벤자민, 소철, 관음죽, 부겐베리아, 행운목, 홍콩야자 등

(2) 식당

조리 시 나는 냄새를 제거하고 식욕을 돋우는 두 가지 역할을 해야 한다. 정화력이 강한 스파티필름이나 벤자민고무나무가 제격이며, 화사하면서도 청결한 분위기를 연출하고 식욕을 불러일으키는 것이 목적이다. 청결하고 싱그러운 식물로 아프리칸 바이올렛이나 아이안텀 같은 소품이 적당 하며, 스파트필럼은 주방에서 발생하는 일산화탄소 흡수에 좋다. 화분 위에 유리 구슬이나 하이드로볼 등으로 마무리하여 깔끔하게 정리해야 한다.

(3) 욕실 · 화장실

화장실에서는 불쾌한 냄새가 나기 쉽다. 암모니아 등의 물질을 잘 흡수하는 관음죽을 두면 깔끔하다. 잎이 적은 식물을 선택, 정결한 분위기 연출한다. 허브류, 아나나스, 아이비, 아스플레니움, 신고니움 등 깔끔한 느낌이 드는 식물이 좋으며 비눗물이나 뜨거운 물이 닿지 않도록 주의한다.

광이 부족한 욕실이나 화장실에서 식물이 항상 싱싱하게 보이려면 같은 종류의 식물을 두 개 구입하여 거실에서 햇볕을 쪼인 후 일주일 간격으로 교대해서 장식해주면 늘 푸르름을 유지할 수 있다.

(4) 공부방

졸음 막는 페퍼민트나 기억력 높이는 로즈마리가 효과적이다. 어린이의 공부방은 가능한 한 심신을 자극하는 붉은색 계통은 피하며, 노란색 계통도 정신을 산만하게 하므로 피하는 것이 좋다. 가장 좋은 방법은 주위를 밝게 해주되 학생들이 공부하는 틈틈이 녹색식물을 보며 눈의 피로를 회복하고 기억력과 암기력을 증가시킬 수 있도록 해주는 것이다. 책상 위에는 아이안텀, 파키라, 벤자민고무나무 등을 두는 게 좋다. 페퍼민트는 졸음을 쫓고, 라벤더는 긴장을 풀어주며, 로즈마리는 기억력을 키워준다. 그러나 허브 식물은 향이 강해서 신체에 무리를 줄 수 있으므로 너무 많이 놓는 것은 삼가는 것이 좋다.

(5) 어린이 방

선인장, 유카와 같은 식물은 아이들이 다칠 염려가 있으므로 피하고, 밤에 이산화탄소를 흡수하는 귀여운 다육식물이 적당하다. 또한 자연 공부에 도움이 되고 쉽게 기를 수 있는 튤립, 수선화 등의 알뿌리화초가 적당하다.

(6) 침실

침실은 잠이 잘 오고 편안하게 쉴 수 있다면 최상이다. 따라서 자극적인 색

채나 꽃이 크고 화려한 식물은 피하는 게 좋다. 아담하고 안락한 분위기로 장식하며 잎의 색이 연한 양치류 식물과 향기가 적은 꽃으로 분위기 연출한다.

안락한 느낌으로 꾸미기 위해서는 크고 화려한 것보다는 아담한 분위기를 느낄 수 있는 작은 관엽, 대만 고무나무나 난류, 수경재배, 테라리움 등이 적당하다.

(7) 현관

집안의 첫인상을 결정짓는 곳이므로 정돈된 느낌을 주면서 분위기 있는 식물을 선택한다. 너무 크지 않은 식물과 테라리움이나 아디안텀, 또는 추위에 강한 난초나 아이비, 스킨답서스 등의 약한 광에 잘 견디며 온도에 강한 식물이 좋다.

5) 실내 관상원예 식물의 관리 시 유의 사항
 (1) 생태적 조건을 같이 갖는 종류들끼리 모아 키워야 함
 (2) 잎이 푸른 채 떨어지는 것은 환경 스트레스로 2개월 정도 적응 기간이 필요
 (3) 가능한 화분에서 오래 자란 것을 구입
 (4) 관리하기 쉬운 종류를 선택
 (5) 실내식물은 자주 방향을 바꾸어 주어야 함
 (6) 현관의 식물은 1주일마다 장소를 바꾸어 줌
 (7) 햇볕이 적고 많음에 따라 화분을 배치
 (8) 토양은 벌레나 잡균에 오염되지 않은 청결한 것이어야 하므로 인공토양을
    사용하는 것이 안전

6) 원예식물과 환경[9]

 (1) 광 환경
 광에 의한 식물의 생육 및 반응은 광도, 광질(광의 파장대, 400-700nm),
 광주기(빛의 지속 기간)에 의해 영향을 받게 된다.
 광도에 따라 양지식물, 중생식물, 음지식물로 나뉘고 광주기에 따라 장일식물,
 중성식물, 단일식물로 나뉜다.
 실내식물 : 300-3000 lux 밝기 하에서 생육이 좋은 식물
 5000 lux 이상이 요구되는 식물 : 실외 혹은 보광
 꽃이 피거나 잎에 강한 색채를 지닌 식물 : 창가 쪽
 양치류 등 저광에서 생육 : 실내의 그늘진 곳
 ① 거의 일광이 없는 실내 : 싹 채소류, 콩나물
 ② 창가의 레이스 커튼 너머로 빛이 드는 실내

난 종류(파피오페딜럼), 분화류(바이올렛, 글록시니아, 군자란 등)

③ 약간의 그늘에 강한 관엽식물 : 페페로미아, 아디안텀, 스파티필름, 디펜바키아, 아나나스, 호야, 드라세나, 관음죽 등

④ 창가에서 제법 빛이 들어오는 실내

난 종류(카틀레야, 심비디움, 덴드로비움, 호접란 등 7℃ 이상 월동)

분화류, 선인장(월하미인) 등

⑤ 광을 좋아하는 관엽식물(고무나무, 벤자민고무나무, 크로톤, 홍콩야자 등)로 특히 크로톤은 밝은 광 하에서 아름다움 색채를 띰

⑥ 북향의 밝은 옥내

임파첸스, 베고니아, 대형 나리, 리코리스, 수선화, 새우란, 백량금 등

(2) 온도 환경

생육적온에 따라 온대성, 열대성, 한대성으로 나뉘며, 식물의 체온은 실내의 공기 온도, 광, 공중습도, 공기유동, 체내수분 등에 의해 영향을 받는다.

열대(25-30℃) : 많은 관엽식물과 서양란

온대(15-25℃) : 개나리 국화, 나리, 팬지, 프리물라 등

한대(10-20℃) : 솜다리, 구상나무, 만병초 등 고산식물

(3) 실내의 습도 환경

상대습도는 온도와 밀접한 관계가 있으며 실내온도가 높아지면 상대습도는 낮아지고, 온도가 떨어지면 상대습도는 높아진다.

실내식물에 가장 적절한 상대습도는 60-70% 범위

7) 원예치료용 화단

원예치료용 화단은 단순한 미적 개념의 화단이 아닌 상호 교제할 수 있는 화단을 의미한다.

(1) 무농약 재배를 할 수 있는 튼튼한 식물(병충해에 강한 것)

(2) 먹을 수 있는 꽃(식용화)

(3) 시각이나 후각을 자극하는 초화류

(4) 신경을 온화하게 한다든지 안정시켜 줄 수 있는 초화류

(5) 꽃을 가지고 놀이할 수 있고 그 변화에 놀라움을 느끼며 꽃이나 잎, 과실을 관찰할 수 있는 식물

(6) 포푸리에 사용한다든지, 차로 쓰거나 목욕에 사용되는 식물

(7) 관리가 용이하여 잘 살 수 있는 식물

(8) 계절감이 있고 옛날(어린 시절)을 생각나게 해주며 장기간 즐길 수 있는 초화류

8. 원예활동을 통한 자연 체험의 필요성

사람들이 자연을 체험하면 기력이 회복되는 이유—(Steven Kaplan)[7]

(1) 벗어나기(Being away)

자연은 우리가 살고 있는 스트레스로 가득한 환경과 아주 다른 환경을 제공하여 현실로부터 벗어 난 느낌을 갖게 하고 좋은 생각을 하도록 하며, 어디로 부터 벗어나고 싶은 사람들에게 공간을 제공하고 위안을 주며 기력을 회복시켜 준다.

예 : 게임중독, 매너리즘, 분노, 글쓰기의 두려움에서 벗어나기 등

(2) 확장(Extent)

사람은 풀 한 포기, 작은 돌 틈에서도 무한함을 찾아낼 수 있다. 모든 것이 만물의 이치인 것을 알면 마음이 편해지며, 마음이 가라앉고 열심히 살고 싶은 생각이 든다. 에너지가 충전된 것이다.

(3) 매혹(Fascination)

길에서 만나는 꽃, 바람, 노을, 새소리 등은 우리를 매혹 시킨다. 그 순간 모든 잡념이 사라진다. 자연은 무의식적인 집중을 이끄는 최고의 안내자이다.

(4) 편안함(Compatibility)

스트레스가 없는 편안한 환경은 자신이 원하는 것을 알게 해주며, 창조적인 생각을 하게 도와준다. 우리는 자연에서 왔기 때문에 자연은 우리의 어머니며, 우리에게 편안함을 준다.

자연이 가지고 있는 진정한 의의를 발견해 나가는 것은 원예활동을 하는 지도자들의 기본적인 태도이고 소양이다. 따라서 자연의 이야기를 다양한 방법으로 사람들에게 전해주어 자연과 인간이 진정한 관계를 맺도록 도와줘야 한다.

II. 원예치료(Horticultural Therapy)

1. 원예치료의 배경 및 이론[9]

1) 원예치료의 정의

원예치료는 심신의 치료와 재활을 위해서 식물 및 원예활동을 이용하는 전문적인 기술 및 방법을 의미하며, 사회적, 교육적, 심리적 혹은, 신체적 적응력을 기르고 육체적 재활과 정신적 회복을 추구하는 것으로, 좁게는 장애자의 재활과

회복을, 크게는 환경회복과 삶의 질을 높이는 것을 의미한다.

2) 원예치료의 목적

원예활동의 범위와 효과를 보다 넓게 이해함으로써 녹색과 동행하는 삶의 중요성을 인식하고, 사회원예 분야인 원예치료를 알아 육체적, 정신적 질병의 치료 방법으로 적극적으로 활용하며, 주거환경 내 뿐만 아니라 직장 도시 내에서 녹색의 쾌적성을 통한 삶의 질을 높이는 데 있다.

3) 원예치료의 유래 및 역사

원예치료는 오래전부터 증명된 치료 분야로 녹색의 평화로운 자연환경이 치유적인 효과가 있는 것으로 알려져 있다. 고대 이집트에서 의사가 환자를 정원에서 일하게 하거나 산책하게 함으로써 치료 효과를 증진 시키고, 19세기에 필라델피아 대학의 벤자민 러시 박사가 정원을 가꾸고 식물을 가까이하는 것이 정신치료와 건강회복 등에 효과가 있음을 보고하였다.[2]

우리나라에서는 1997년에 한국 원예치료연구회가 발족된 이후로 여러 대학에 원예치료 학위과정과 평생교육원 원예치료과정이 개설되어 있다. 그리고 장애인 관련기관, 복지시설, 병원, 교육기관 등 다양한 곳에서 원예치료 프로그램이 운영 중이다.

4) 원예치료의 필요성

인류의 문명과 문화가 급속히 발달하였던 19-20세기 동안 산업화, 현대화, 도시화, 기술화된 사회가 도래하여 우리의 삶이 향상되었다. 그러나 오히려 산업화와 도시화로 인하여 공해, 수질오염, 쓰레기, 녹지의 감소 등 부작용의 폐해가 너무 커서 삶의 질이 위협받고 있는 상황이며, 우리 생활 주변의 환경의 질은 회복하기 어려운 지경에 이르고 있다. 과거의 전통적 원예인 생산원예는 식물의 다수화, 고품질, 저비용 투입을 목표로 하였지만, 현대에 이르러 아름다움, 삶의 질, 건강과 치유, 환경개선과 회복을 위한 원예활동인 사회원예가 요구되고 있다.

의식주가 삶의 전부가 아닌 현대인에게 있어서 식물을 대상으로 하는 원예활동의 범위와 효과를 보다 넓게 이해함으로써 녹색과 동행하는 삶의 중요성을 인식하고, 사회원예 분야인 원예치료를 알고 육체적, 정신적 질병의 치료 방법으로 적극적으로 활용하여, 삶의 질을 높이는 것이 무엇보다도 중요한 일 중의 하나가 될 것이다. 또한 최근 들어 관심을 끌고 있는 반려 식물을 통한 심리적 정서 안정에도 도움을 줄 수 있으며 아울러 심리상담기법을 접목한 원예치료(원예 심리상담 분야)가 필요한 이유다.

5) 원예치료 적용 분야

과거에는 원예치료를 주로 정신 장애인, 정신병자를 대상으로 취급하였지만, 현재에는 시각장애인, 청각장애인, 운동기능 장애인, 죄수, 마약중독자, 어르신에 이르기까지 이용 대상 범위가 광범위하게 확대되고 있고, 장애인과 비장애인의 구분 없이 모든 대상자를 포함한다. 또한 심한 스트레스를 받고 있는 전문 직종인에게도 매우 효과적인 치료 수단으로 받아들여지고 있다. 최근에는 반려 식물을 통한 심리적 안정에도 크게 기여하고 있으며, 유치원, 초등학생, 청소년 등 일반인을 대상으로 한 적절한 원예치료도 이뤄지고 있다.

2. 원예치료의 특성

원예치료는 다른 대체 치료들과 구별되는 다음과 같은 특성이 있다.[9]

(1) 생명을 매개체로 한다.

식물, 즉 살아있는 생명을 다루는 치료법으로 식물의 생장, 개화, 결실 등의 변화하는 모습을 통해 무생물과는 다른 교감이 이루어지며, 이것은 동물을 다루는 것보다 더 손쉽고 자연스러울 수 있다. 그리고 다양한 식물을 통해 시각, 청각, 미각, 촉각, 후각의 오감을 자극할 수 있다.

(2) 상호 역동적이다.

대상자와 식물 간의 상호작용으로 이루어진다. 즉, 대상자의 행동과 관심에 따라 식물의 상태가 달라지고 또 대상자는 그런 식물의 반응을 보면서 자부심이나 책임감을 느낄 수 있다.

(3) 창조적 파괴가 가능하다.

식물을 이용하는 다양한 활동을 통해서 식물을 자르고 꽃과 잎을 따서 눌러 말리고, 열매를 따면서 생명을 파괴한다. 그러한 생명 파괴행위를 감정을 도출하는 방식으로만 끝나는 것이 아니라, 꽃꽂이를 하고 압화를 이용해 카드나 액자를 만드는 등 다양한 생산물 혹은 창작품으로 재창조하는 예술로 승화시키는 것이 가능하다.

(4) 본능적 그리움에 바탕을 둔다.

잎이 가진 녹색은 사람의 심리적 안정과 유연성을 갖게 하며, 특히 현대인들은 자연에 대한 그리움을 갖고 있다. 원예치료는 이러한 인간 본연의 색인 녹색을 가까이에서 느끼고, 자연이라는 환경 속에서 행해지기 때문에 언제나 심리적 안정감과 평안함을 제공한다.

(5) 생명을 돌보는 치료 방법이다.

장애인들은 오랫동안 가족이나 주위 사람들의 보호를 받아왔다. 그래서 그들은 자신이 보호받는 존재라고 생각하며 남들에게 의존하려는 경향이 크다. 그러나 원예치료는 대상자로 하여금 식물을 돌보게 하고 또 자신이 돌보는 식물이 성장하여 수확물을 얻으면서 다른 생명체를 돌본다는 사실에 삶의 소중함과 새로운 소망, 자신감을 갖게 한다.

3. 원예치료의 세 요소와 역동성[9]

원예치료는 식물과 원예활동(Horticultural activity), 대상자(Client), 원예치료사(Horticultural therapist) 등 세 요소로 구성되어있다. 이 세 요소가 서로 상호작용하여 활동을 하며 반응을 보이는 역동성이 있을 때 진정한 원예치료라고 볼 수 있다. 식물과 원예활동이 원예치료사 없이 대상자하고만 이뤄질 때는 원예에 대한 흥미와 취미일 뿐 원예치료는 아니다. 또한 원예치료사와 대상자만 있고 원예활동이 없다면 상담이나 돌봄일 뿐 원예치료가 아니며 대상자가 없는 원예활동은 단순히 식물을 다루는 기술개발일 뿐 원예치료는 아니다. 따라서 진정한 원예치료가 성립되려면 원예활동과 대상자, 원예치료사 등 세 요소의 역동성이 함께 해야 한다.

4. 원예치료 활동의 효과[6]
1) 불안과 긴장을 풀어준다.
2) 창조적 표현을 할 수 있게 한다.
3) 충동을 억제할 수 있게 한다.
4) 실패나 좌절에 견딜 수 있게 한다.
5) 계획, 준비, 판단을 할 수 있게 한다.
6) 자신의 행동과 결과에 대한 자기 평가의 만족도가 높아진다는 등의 효과가 인정되고 있으며, 최근에는 정신장애자 및 정신지체아뿐만 아니라 보다 많은 사람들에게 광범위하게 적용되고 효과도 다양해지고 있다.

(1) 지적인 효과
① 원예활동에 필요한 식물의 번식, 이식과 토양의 배합, 식물을 심는 위치나 배치장소 설정 등 새로운 기술의 습득과 전체적인 안목, 계획성이 증가된다.
② 원예활동의 과정에서 새로운 용어와 개념들을 배우게 됨에 따라 어휘력이 증가되고 대화의 폭이 넓게 된다.
③ 원예치료의 도구인 식물은 모양이나 색채 및 생장에 따른 변화 등 호기심과 의문을 불러일으키는 살아 있는 생명체로서 끊임없이 생장, 개화, 결실하며

식물을 키우면서 식물의 변화를 느낄 수 있어 관찰력이 증가한다.

④ 식물을 키우다 보면 식물과 인간, 식물과 동물, 그 밖의 다른 생명체들과의 관계에 대한 평가능력을 향상시키도록 유도함으로써 관찰력을 증대시킨다.

⑤ 원예활동은 단순히 작업으로서 끝나는 것이 아니라 반복에 의해 이루어지기 때문에 지식의 증가와 기술훈련의 효과를 가지며 일에 대해 긍정적이고 자신감을 갖게 한다.

⑥ 식물을 가까이 대함으로서 시각, 청각, 촉각, 미각, 후각을 통해 주변에 대한 감수성이 예민해지고 계획, 준비, 판단을 할 수 있는 능력을 함양시켜 감각과 지각 능력이 증가한다.

(2) 사회적인 효과

원예활동은 쉽게 혼자서 할 수 있는 것도 있지만 같은 목적을 향해서 여러 명이 함께 하지 않으면 안 되는 것이 있기 때문에 각자 자기가 맡은 역할이 무엇인가를 배우게 된다. 아울러 그 일을 하기 위해서는 서로의 권리를 존중해야 되고 협력해야 하며 책임을 분담하는 것이 효과적이라는 것도 깨닫게 된다.

타인의 감정과 입장을 인정하고 공동체 속에서 전체를 파악하며 작업의 순서를 배우면 지도력 개발의 기회를 통한 리더십이 함양된다.

식물의 생활사를 경험하면서 획득과 양육을 체험할 수 있고 이를 통하여 사회와의 연대감을 얻을 수 있다.

① 원예치료는 집단치료적인 특징이 있는데, 여러 사람이 함께 활동하다 보면 자연스럽게 대상자 상호 간에 교류가 일어나게 된다.

② 공동작업을 하면서 각자 자기가 맡은 역할이 무엇인가를 알게 되고 상대방의 입장을 배려하는 공공성, 도덕성이 증대된다.

③ 함께 작업을 하면서 서로 협력해야 한다는 것과 책임을 분담하는 것이 효과적이라는 것을 알게 된다.

④ 그룹 내의 한사람에게 그룹의 일을 책임지게 하여 지휘 통솔하는 것을 경험하고, 그 과정을 통해서 자립심도 키울 수 있다.

⑤ 원예활동으로 생산한 채소, 과일, 꽃 등의 생산물이나 자기가 만든 작품을 다른 사람에게 선물하면서 대인관계가 향상된다.

(3) 정서적인 효과

① 식물은 그 자체로서도 정서 효과가 크지만, 원예활동에 의해 그 효과를 증폭시킬 수 있으며 자신감과 자부심을 증가시킨다.

② 자제력을 증진시킨다.

③ 장래에 대한 희망을 준다.

④ 창의력과 자아 표현을 개발시킨다. .

(4) 신체적인 효과

① 원예활동은 소근육과 대근육 운동에 도움이 되며, 신체를 움직임으로 대근육, 소근육 등 근력이 강화되고, 균형 감각이 증진되며 나아가 기초체력을 증진시킨다.

② 원예활동을 위하여 실외에 나가 바람을 쐬거나 햇볕을 받으면서 시원함, 따뜻함 등의 냉온 감각을 피부로 느끼며 기분이나 생활의 변화를 가져다준다.

③ 시선에 따라서 손이 같이 움직일 수 있는 능력이나, 관절이 움직일 수 있는 가동범위(ROM : Range of Motion)를 자연스럽게 증가시킨다.

④ 식물을 돌보는 원예활동을 통하여 적당한 피로를 느껴 저녁에 일찍 잠자리에 들게 되어 숙면을 취하고 규칙적인 생활 습관을 기른다.

⑤ 밭에서 물을 주고 잡초를 제거하거나 정원 활동은 겉으로 보기보다 운동량이 많아서 조깅이나 테니스 등과 같은 전신운동의 효과를 줄 수 있다.

5. 원예활동의 교육적 효과와 유용성

1) 교육적 효과

원예활동은 사람들의 신체적, 정서적, 정신적 건강을 향상시키고 치매 노인과 아동들의 호기심을 자극하고 관찰력을 증가시키며 다양한 감각에 자극을 줌으로써 신체, 정서뿐만 아니라 인지적으로도 긍정적인 영향을 미친다는 연구가 보고되고 있다.

(1) 실제적인 접근을 통해 학습 현장에 생동감을 불어넣는다.

(2) 원예활동을 통해 자연스럽게 인성교육이 가능하다.

(3) 원예활동을 통해 학생들은 다양한 정서를 경험할 수 있다

(4) 사회적 상호작용과 협동적인 문제해결력이 증진된다.

(5) 학생들이 주도적인 사고를 할 수 있으며 관찰력이 증가한다.

(6) 원예활동을 도입한 수업은 경험을 바탕으로 한 의미 중심의 수업이 될 수 있다.

(7) 원예활동으로 식량과 기아에 관해 조사, 토의하는 장을 만들 수 있다.

(8) 신체적인 건강의 증진 및 음식과 영양에 대해 배우는 귀중한 학습 도구다.

(9) 원예활동은 식물과의 관계를 이해하는 도구로 사용된다.

2) 도구로서의 유용성

(1) 원예는 재미난 활동이며 한번 습득하기만 하면 평생에 걸친 기술이 된다.

(2) 다양한 교과와 통합이 가능하다.(음악, 미술, 국어, 수학 등)

(3) 생활상의 소재를 활용할 수 있다.

(4) 교과 내용을 놀이와 적절하게 접목시킬 수 있다.

(5) 원예활동을 통해 학생들은 교실이나 학교 등 주변 환경을 아름답게 바꿀 수 있을 뿐만 아니라 자신들의 지역사회를 개선하는데 적극적으로 동참하게 된다.

원예프로그램이 적용되는 대상과 목적

- 공동체 : 발전적 공동체 문화형성, 구성원 사이의 의사소통과 이해의 증가 파괴행위의 감소
- 학교 : 정원활동과 지식의 통합, 이론적 원리의 구체적 예를 제공, 예술적 영감의 원천, 창조적 표현의 수단, 대인관계 발달, 공동체 가치 인식
- 공원과 여가시설 : 정적 감정의 전환, 사고의 자극과 신체운동
- 수목원과 식물원 : 양육 경험 기회의 제공, 생명에 대한 인식
- 농장, 원예 관련 업체 : 전문지식의 습득과 실천, 협력적 공동체 체험, 다양한 생산 활동 경험
- 기타 병원, 교도소, 재활원 등에 대한 원예프로그램 적용도 활발

6. 세대별 원예치료

각 세대별 원예치료는 검증된 여러 분야의 원예치료 평가지[8]를 참고하여 대상에 적절하게 적용함으로써 그 치유 효과가 증진될 것이다.

1) 유치원, 초등학생의 원예치료

이 집단은 신체장애, 학습장애, 정서와 행동 문제, 교정(소년범죄자) 등의 여러 다른 집단과 중복이 되기도 한다. 어린이들은 감수성이 민감하기 때문에 원예치료에는 인격적, 교육적 발달이 특별히 강조된다. 특히 흥미가 조성되고 유지되어야 하며 지적인 효과, 사회적 생활 기술 등이 극대화되어야 하고 동료로부터의 고립(왕따)은 최소화 하여야 한다.

원예치료의 목표는 교육, 격려, 책임감, 자신감(confidence), 수용 가능한 행동, 가치감 상승 등

프로그램 : 화분에 식물 옮겨심기, 곡식 모자이크, 압화를 이용한 카드 만들기, 재활용 컵을 이용한 다육이 테라리움, 수경재배 등

● 원예치료 활동을 통한 효과

　협동심과 신체적 힘을 기름 - 정원 활동, 텃밭 가꾸기
　만족감을 갖게 되며 자신들의 능력을 인식 - 식물을 돌보고 비료 주는 과정
(1) 인지적인 효과
　① 식물의 생명주기, 식물 이름, 재배 형태 등을 배운다.
　② 원예 도구의 이름과 안전한 과정을 배운다.
　③ 먹거리가 지역적으로 생산됨을 알게 된다.
(2) 정신적, 정서적, 심리적 효과
　① 비언어적인 정원 활동과 치료사들과의 상호작용으로 감정의 조절이 가능
　② 자신들이 키운 식물 섭취로 자신감과 자아존중감이 향상됨을 관찰
　③ 정원의 아름다움으로 아이들에게 치유와 양육의 효과

● 학습 곤란자

　모든 연령층의 사람들이 포함되며 IQ 70이하의 지적 기능이 낮은 사람들을 말한다. 자폐증, 공격적 행동, 집중력 부족, 반사회적 행동, 파괴성, 위험에 대한 지각 부족, 한정된 근육 운동 기술, 낮은 자아존중감, 자제력 부족 등의 여러 증상 중 몇 가지를 가지고 있다. 학습이 곤란한 사람들은 또한 운동성 부족, 시력과 청력의 손상 등과 같은 신체적인 장애를 가지고 있을 수도 있다.
　이 집단의 원예치료의 목표는 교육/훈련, 사회적 기술, 집중력, 지각 기술, 성취, 자기표현, 결정하기, 공격성 배출, 치료적 효과
　프로그램 : 물주기, 곡식 모자이크, 압화 장식, 토피어리, 꽃바구니 만들기,
　　　　　고무신에 다육이 심기, 수경재배 등

● 부모의 유형 - 문제 생길 시

(1) 축소 전환형
축소 전환형 부모의 특징
　① 아이의 감정을 대수롭지 않게 여기거나 무시, 때로는 비웃거나 경시
　② 감정은 좋은 감정과 나쁜 감정이 있고, 나쁜 감정은 살아가는 데 아무런 도움이 되지 않는다고 생각
　③ 아이가 부정적 감정을 보이면 불편해서 아이의 관심사를 빨리 다른 곳으로 돌림
　④ 아이의 감정은 비합리적이어서 중요하지 않다고 생각
　⑤ 아이의 감정은 그냥 놔둬도 시간이 지나면 저절로 사라진다고 생각
　⑥ 감정적으로 통제가 불가능한 것을 두려워 함

(2) **억압형** : 잘못했을 때 야단침

① 부정적 감정을 허용하면 아이의 성격이 나빠질 거라고 염려하기 때문
② 아이가 부정적 감정을 느끼지 않도록 강한 성격으로 키워야 한다고 여기기
  때문
③ 빨리 부정적 감정을 없애주고 올바른 행동을 가르쳐야 한다고 생각하기
  때문
④ 아이가 울거나 화를 내는 것은 아이가 원하는 요구사항을 관철시키기 위함
  (고집을 부린다)으로 곡해하는 경우도 있음

(3) **방임형**

  방임형 부모 밑에서 자란 아이가 감정 조절을 잘할 것 같지만 그렇지 않음. 감
정 조절은 행동의 한계를 인식해야 가능. 어떤 감정이든 다 인정받으며 자랐기
때문에 공주병, 왕자병에 빠진 아이가 많음. 자기감정밖에 몰라 남의 감정을 헤
아리거나 배려할 줄 모르고, 당연히 또래 친구들과의 관계를 풀어가는 데도 서
툴며 심하면 왕따를 당하기도 함. 또래보다 미성숙함을 느끼므로 열등감도 많
고, 자아 존중감도 낮음. 감정을 느끼기만 했지, 어떻게 표현하고 행동해야 하는
지 배울 기회가 없었기 때문에 문제해결 능력 또한 낮을 수밖에 없음.
  자기감정대로 어떤 행동을 하든 언제나 괜찮다고 허용해주는 환경에서 자란다
면, 행동의 한계를 알지 못하고 기분 내키는 대로 하고, 자기중심적인 행동을
하면서도 어떻게 행동하는 것이 적절한지 알 수가 없어 굉장히 불안하고 미
숙하며, 대인관계를 어려워 함

(4) **감정 코칭형** - 감정을 받아주고 코칭
• 감정 코칭 : 부모님이 자녀의 감정 특히, 부정적 감정을 수용하고 소화할
             수 있도록 돕는 코치의 역할을 하는 부모의 양육 태도
감정 코칭형 부모는 감정을 좋은 것과 나쁜 것으로 나누지 않고, 기쁨, 사랑,
즐거움 같은 감정도 중요하지만 슬픔, 놀람, 분노 등의 감정도 당연히 삶의
일부라고 여김. 중요한 것은 감정은 모두 수용해주되, 행동에는 분명한 한계
를 그어야 한다는 점
(날씨가 매일 맑고 햇빛이 화창한 것만 좋은 게 아니라 때론 바람이 불고, 비
 가 오고, 안개가 끼거나 눈이 오는 날도 필요)

2) **중등 학생(청소년기)의 원예치료**

  청소년기는 13세 무렵부터 19세 무렵까지의 사춘기를 거치게 되는 시기로, 아
동기에서 성인기로 나아가는 중간단계에 해당하는 시기이다. 인간의 발달단계

는 영아기, 유아기, 아동기, 청소년기, 성인기, 장년기, 노년기 등으로 구분을 할 수가 있는데, 청소년기는 이 중에서 성장이 가장 왕성한 시기에 해당이 된다. 이 시기에는 성적 관심이 증가하고, 부모로부터 자립하려고 하며, 자아를 인식하여 자신의 인생관, 생활관, 도덕관, 사회관 등을 정립하게 된다.

프로그램 : 공동으로 할 수 있는 프로그램 모두(텃밭 가꾸기 등), 스칸디아모스를 이용한 꿈나무 만들기, 테라리움, 토피어리 만들기, 페트병 이용한 심지화분 만들기(자연보호 차원) 등

● 청소년기의 신체적 특성

청소년기에 나타나는 가장 핵심적인 신체적 발달은 성적으로 성숙하는 사춘기(puberty)의 영향으로 인한 신체의 급속한 외형적 성장과 호르몬 변화에 의한 생식능력의 획득이다. 성장이 진행되는 동안 근육과 골격이 발달하여 운동력과 작업 능력이 향상되며, 남자는 어깨가 넓어지고 근육이 발달하여 남성다운 체형으로 변하고, 여자는 골반이 넓어지고 피하지방이 축적되어 여성다운 체형으로 변한다. 또한 팔과 다리가 길어지고 손과 발이 커지는 등 신체의 전체적인 성장이 이루어진다.

3) 청소년의 특성과 효과적인 대화법

(1) 청소년기의 일반적인 특성

흔히 청소년기를 질풍노도의 시기라고 한다. 이는 청소년기가 아동기에서 성인기로 옮아가는 과도기로서 아동기의 안정된 상태에서 벗어나 불확실한 미지의 세계로 떠나는 것을 의미한다.

청소년기 또는 사춘기를 대표하는 특징인 2차 성징들은 모두 이와 같은 성호르몬의 영향을 받은 결과이다. 대부분의 청소년들은 자신의 몸에서 일어나는 변화를 받아들이는 데 상당한 어려움을 겪으며, 새로운 자기 모습을 받아들이기까지 많은 혼란과 방황을 경험하게 된다.

신체적 변화와 관련된 특징 이외에 청소년기에 나타나는 인지적 특징으로서 '자아 중심성'을 들 수 있다. 청소년들은 자신이 중요하고 가치롭다고 생각하는 관념의 세계와 타인의 관념을 구분하지 못하며, 자신에게만 독특한 세계가 존재한다고 생각한다. 즉, 자신이 세상의 중심이라고 믿을 만큼 강한 자의식을 보이게 되는데, 이를 가리켜 '청소년기 자아 중심성'이라고 한다. 이러한 자아 중심성은 대개 11-12 세 무렵에 시작되어, 15-16 세 무렵에 정점을 이루다가 성인기에 접어들면서 서서히 사라지게 된다.

청소년기의 자아 중심성은 다음과 같은 두 가지 특성을 갖는다.

① 개인적 우화

개인적 우화(personal fable)는 청소년이 자신은 특별하고 독특한 존재이므로 자신의 감정이나 경험 세계는 다른 사람들과 근본적으로 다르다고 믿는 청소년기 자아 중심성의 형태이다. 개인적 우화는 청소년들에게 자신감과 위안을 부여하는 측면도 있으나, 심해지면 자신의 존재의 영속성과 불멸성을 믿게 됨으로써 과격한 행동에 빠져들게 될 위험이 있다.

한편 개인적 우화는 이 시기의 긍정적인 특성과도 관련이 있다. 청소년들은 자신의 세대는 기성세대가 갖지 못한 능력과 가능성을 갖고 있다고 믿으며 이를 행동으로 옮긴다. 환경운동, 장애인 돕기, 봉사활동 등에 청소년들이 적극적으로 참여하는 이유다. 개인적 우화는 청소년들의 자기 과신에서 비롯되는 것이기 때문에 개인적 우화 정도가 높은 청소년은 자의식과 자신에 대한 관심이 지나치게 높아서 타인과의 관계에서 어려움을 겪을 수 있지만, 현실검증 능력이 생기면서 자신과 타인의 실체를 객관적으로 인식하게 되면 서서히 사라지게 된다.

② 상상 속의 청중

'상상속의 청중(imaginary audience)' 또한 청소년기의 과장된 자의식으로 인해 자신이 타인의 집중적인 관심과 주목의 대상이 되고 있다고 믿는 청소년기 자아 중심성의 형태이다. '상상 속의 청중' 의식이 높은 청소년은 부정적 자아개념을 갖는 경향이 높으며, 자아존중감이 낮은 것으로 알려져 있다. 또 '상상 속의 청중'은 대인간 신경과민 등 사회적 기술상의 문제에도 영향을 미치는 것으로 보고되고 있다.

한편, 부모와 수용적인 애정 관계를 유지하고 인정과 사랑을 받고 있다고 자각하는 청소년은 자아 중심성이 낮은 반면, 부모로부터 지나친 통제와 구속을 받거나 방임상태로 버려져 있다고 생각하는 청소년의 경우 자아 중심성이 높다.

(2) 바람직한 부모 역할과 효과적인 대화법

자녀가 아동기일 때의 부모-자녀 관계가 수직적 관계라면 자녀가 청소년기일 때의 부모-자녀 관계는 서로가 대등한 입장에서 상호작용하는 수평적 관계라고 할 수 있다. 부모-자녀 관계가 수직적일 때 부모의 역할은 자녀를 돌보고 훈육하며 학습을 도와주는 데 초점이 맞춰진다. 따라서 이 시기의 부모는 일관성 있는 태도를 유지함으로써 부모의 권위를 세우는 것이 중요하다. 그러나 자녀가 성장하여 청소년기에 접어들면 부모의 역할은 자녀를 존중해주고 지지해주는 상담자 역할로 바뀌게 되며, 이 시기의 부모에게는 자녀와의 원활한 의사소통이 가장 중요하다.

청소년기 자녀와의 효과적인 대화를 위해서 부모는 어떤 태도를 가져야 할지 기본 원리는 다음과 같다.

① 자녀가 하는 말을 끝까지 잘 듣는다.

자녀가 나와 다른 생각을 이야기하더라도 끝까지 듣는 태도를 가져야 한다. 듣는 것은 가장 소극적인 대화 방법인 동시에 가장 적극적인 대화 방법이다.

② 자녀의 말을 귀로 듣지 말고, 가슴으로 듣는다.

자녀의 감정을 알아주는 사람에게 더 깊은 이야기를 하게 마련이다. 부모가 벌어질 일에 대해 논리적으로 설명해주는 조언자가 아니고, 그런 말을 하기까지 자기가 경험한 사건과 그로 인한 분노 혹은 좌절을 알아주고 위로해 줄 때 훨씬 건설적인 대화를 이어갈 수 있다.

③ 부모가 결론이나 해답을 제시해야 된다는 생각에서 벗어난다.

자녀와 대화를 효과적으로 잘하려면 '무엇을 위한 대화' 즉, 수단으로서의 대화가 아니라, 대화 자체를 즐기는 대화, 대화 자체가 목적인 대화여야 한다.

④ 부모도 자신의 감정을 솔직하게 인정하고 분명하게 표현한다.

청소년 자녀에게 가장 필요한 부모는 상담자와 같이 자녀를 있는 그대로 존중 해주고 그 마음을 읽어주는 부모여야 한다.

(출처 : 이수진, 전남청소년상담지원센터)[b]

4) 갱년기 여성의 원예치료

갱년기는 일반적으로 40-60대로 신체, 생리적으로 새로운 위기를 맞고 있으며 안면홍조, 식은땀, 우울증, 가슴 두근거림, 현기증, 수면장애, 신경과민, 불안감 등 신체적 변화를 겪게 되는 시기다. 또한 가정 내외적으로 빠르고 다양한 변화를 경험하며 사회에서 요구하는 다양한 역할변화와 사회참여로 이중고를 겪을 수도 있다. 따라서 심리 사회적으로 역할갈등, 고립, 위축, 상실감 등의 정서적 문제가 야기되기도 한다. 특히 전업주부는 사회참여의 빈도수가 적을 경우, 자신에 대한 자존감이 떨어지며 정신적 갈등과 심리적 불안으로 인한 스트레스 수준이 가중될 수도 있다. 도시의 갱년기 주부는 여가시간의 증가 및 여가시간의 부적절한 사용, 문화적 지체, 가족기능의 악화 등에 따른 정신적 스트레스가 많다.

따라서 갱년기 여성들의 처한 상황을 극복하고 심리적으로 안정된 생활을 영위하기 위하여 원예활동을 통한 치유과정이 필요할 것이다. 그 원예활동은 식물을 이용한 프로그램, 정원 활동을 주제로 한 대화 기회와 그룹 활동 참여 촉진으로 자긍심과 성취감, 자신감과 자아존중감을 회복할 수 있는 경험을 갖게 한다. 또한 씨앗 발아에서 꽃 피우고 열매 맺는 과정을 통해 미래에 대한 흥미와 의욕이 촉진될 수 있다. 식물의 생활환(life cycle)과 자신의 삶을 비교함으로 어려움을 극복할 수 있는 계기가 된다. 꽃, 나무의 향기와 색깔의 변화를 통하여 정신적 안정감을 느끼고, 개성에 맞는 작품완성으로 만족도가 높아진다. 새로운 것을 만들고 완성하면서 성취감과 다양한 기회를 제공받고 도전 의식을 고취하는 등 다방면의 원예치료 효과가 있다. 사회적인 스트레스나 가정 내에서의 스트레스를 받는 갱년기 여성이 원예치료를 통해 삶에 대한 희망과 목적을 갖고 세상을 다르게 보고 받아들이는 시각을 가질 수 있다.

프로그램 : 정원 활동, 꽃 케익 만들기, 바구니 정원, 꽃바구니, 압화를 이용한 브로치 만들기, 원형 플로랄 폼을 이용한 리스 만들기, 테라리움 만들기 등

5) 노인의 원예치료

(1) 노인에게 적용한 원예활동의 필요성

원예는 노인에게 있어 자연을 가장 자연스럽게 느끼게 하는 중간매체로 사람과 자연을 연결시키는 가장 효과적인 수단이다

노인들을 위한 프로그램 제공은 생활 속에서 오는 심리적 스트레스를 해소하고 생활에 대한 만족감을 느끼게 함으로써 보다 건강하고 적극적인 생활로 변화되어 노인 스스로 새로운 삶에 대한 강한 도전과 적응이 이루어질 수 있는 계기가 될 수 있다. 원예활동을 통해 살아있는 식물을 만지고 느끼게 함으로써 노인들의 오감을 자극하여 퇴화하는 감각을 살려내고, 기억력과 집중력을 증진시키며 심리적으로는 절망감의 감소, 우울감 및 스트레스 감소, 자신감 회복 등에 도움을 줄 수 있다.

노인의 원예활동의 목적은 자연과 더불어 생활하며 느끼고 식물과 정원을 가꾸는 과정에서 상호친밀감을 증진시켜, 사회적 기능을 원활히 하며 언어, 수리, 판단, 기억 및 사고능력을 강화시킴으로서 인지적 기능향상을 통해 노인들의 자신감과 자부심을 증진시키고 장래에 희망을 갖게 하며 창의력과 자기표현을 계발시켜 정서적 기능의 향상과 소근육 운동과 대근육 운동을 통하여 신체적 기능의 향상 발달을 유도할 수 있게 한다. 노년기에 적절하고 체계적인 신체활동은 신체적, 정신적 노화 및 심리적 변화를 예방하고 삶의 질을 향상시킬 수 있다.

(2) 노인과 원예치료[5]

노인 인구의 증가에 따라 노인들을 위한 체계적인 여가 프로그램과 일자리 창출, 노인복지법 등 건강한 여가를 도와줄 많은 프로그램의 개발이 필요하다. 원예는 노인들의 여가 활동에 적당하며 치료적 역할도 매우 크다. 또한 건강을 유지시키고 삶의 질을 높이며 질병과 장애 후 재활이 가능하고 치매 증상이 완화된다. 원예치료는 모든 대상자에게 위협을 가하지 않으며 사회적 활동과 참여를 북돋우고 기억을 향상시키며, 감각자극과 운동의 기회를 제공하고 스트레스

와 긴장을 완화시키며 분노를 누그러뜨린다. 또한 다른 치료에 비해서 긍정적인 결과를 내는데 비교적 간단하고 시간적, 공간적으로 제약이 없고 특별한 기술이나 힘이 없어도 누구나 할 수 있는 장점이 있으며 기술 투입이 적은 처치법이다.

① 치매의 정의

뇌의 변성이 점차로 진행되어 지면서 만성적인 경과를 밟게 되어 기억력이 저하 되거나 기타 지적 능력이 상실되는 임상적 증후군을 말한다.

② 치매 노인의 임상증상

대표적인 증상으로 기억장애, 지남력장애, 주의력장애, 언어장애, 실행증, 실인증, 시공간 기능장애, 인격 장애를 보인다.

문제행동 - 배회, 망상, 환각, 반복 질문, 반복 행동, 공격행동, 성격 변화 등

③ 노인에게 적용 시 원예활동 프로그램의 목적

- 노인이 여가 프로그램으로 원예활동을 경험하게 한다.
- 원예활동 프로그램을 통해 정신건강에 긍정적인 영향을 미친다.
- 식물을 통해서 심리적 안정과 자기성찰을 하도록 한다.

(식물의 생장하는 과정을 통해)

- 다양한 도구와 재료를 통해서 촉각 반응을 향상시킨다.
- 작업을 이용해서 소근육의 발달을 도모하고 예전의 기억을 유발시키도록 한다.
- 작업을 통해서 자기 표현력과 인지기능을 향상시키며 동료들과의 지속적인 관계를 유지하게 한다.
- 주기적인 작업을 통해 소일거리를 제공하고 주변 환경의 변화를 인식한다.

④ 세부 목표별 원예활동 프로그램 계획

- 여가 프로그램으로 원예활동을 경험하게 한다.

  : 압화 이름표, 향기정원, 향기 비누, 다육 정원, 새싹 파종, 꽃바구니,

    수경재배, 다육이 액자 만들기, 접시정원, 바구니 정원 등

- 원예활동 여가 프로그램을 통해 정신건강에 긍정적 영향을 미치게 한다.

  작품 소개하기 : 자신이 만든 작품을 다른 대상에게 소개하고 작품에 대한 의도를 이야기 할 수 있게 함

  칭찬하기 : 타인의 작품에 대해 칭찬을 함으로 긍정적인 상호작용을 할 수 있도록 유도

  선물하기 : 자신이 만든 작품을 타인에게 선물함으로 활동에 대한 만족감

　　　　　　을 높임

⑤ 원예치료 시 고려 사안

● 치매 노인의 수준에 맞추어서 하며 가까운 거리에서 설명한다.
● 노인에게 설명할 때는 내용은 간단명료하게 하며 또 사진이나 그림을 이
　용하여 활동 목록을 만들어서 기억력을 자극하도록 한다.
● 치매 노인에게 언어적인 것으로만 표현하지 않고 비언어적인 태도(스킨쉽)
　로 사랑과 관심을 표현한다.
● 치매 노인이 스스로 할 수 있도록 작업은 단순하며 반복되게 하고, 준비물
　(기구, 도구, 식물)은 치매 노인에게 위험하지 않는 것으로 선택한다.
● 치매 노인의 상황과 상태를 사전에 파악하여 보조 스텝으로 하여금 지지하
　게 하고, 식물의 선택에서 감각자극을 줄 수 있고, 빠른 성장 속도를 가진
　것을 선택하며 과거의 기억을 되살릴 수 있는 식물을 이용한다.
● 햇볕이 잘 들고 작업이 용이하며 쉴 수 있는 장소가 확보되어 있어야 한다.

(3) 치매 노인을 대하는 방법

　　치매라고 진단되었다고 해서 갑자기 노인을 대하는 태도를 바꾸는 것은
좋지 않으며, 평상시처럼 자연스럽게 노인을 관찰해보는 것이 중요하다.
치매성 노인이 여러 가지 문제 있는 행동을 일으켜서 가족을 괴롭히는 경우도
있지만, 치매의 모든 경우가 그러한 것은 아니고, 조용히 큰 문제없이 가족들
과 지내는 분들도 있다. 중요한 것은 치매라는 병과 그 특징을 이해하고 받
아 들이는 일이다. 특히 노인의 성격, 생활력, 습관 등을 늘 파악해서 돌보아
야 한다.

● 기본적 방법
① 노인이 납득할 수 있도록 말하며 자존심을 건드리지 않도록 한다.
② 노인에게 알아들을 수 있는 말과 비언어적 활동이 중요하다.
③ 가까운 곳에서 말하며 항상 현실을 알려주도록 한다.
④ 정보는 간단하게 전하며 노인의 속도에 맞추도록 한다.
⑤ 과거를 회상하도록 한다.

(4) 일, 운동놀이를 할 때 유의할 점
① 노인이 할 수 있는 단순한 일을 선택한다.
② 좋은 평가를 해 주며 지지적으로 대해 준다.
③ 같은 일을 반복하며 작업 후에는 꼭 감사의 말을 잊지 않는다.

　　　　　　　　　　　　　　　　(출처 : 김주희, 한양대 간호학과)[c]

6) 다문화 그룹 원예치료

(1) 다문화가정이란

서로 다른 국적과 문화의 남녀의 국제결혼을 통해 만들어진 가정이나 그런 사람들이 포함된 가정을 말하며, 한국의 경우에는 상이한 문화를 지닌 자국민 집단이 없으므로 보통은 국제결혼으로 나타난다.

(2) 다문화가정의 범주 세부 분류

① 국제결혼가정 : 한국인 남성과 외국인 여성의 결혼으로 이루어진 가정

② 외국인 근로자 가정 :

외국인 근로자가 가족을 동반하여 거주하거나, 국내에서 가족을 형성

③ 새터민 가정 :

남한 주민등록을 취득한 북한지역 출신 주민들을 가리키는 용어

(3) 다문화가정의 증가와 문제점[a]

① 아동들의 문제 : 호적에 올리지 못하는 경우와 혼혈아동은 친척과 가족으로부터 냉대 받음, 한국인의 편견, 따돌림, 심리적 고립감, 정서적 소외감

② 말을 배우는 유아기에 한국말이 서툰 어머니로부터 양육되기 때문에 학교 생활이 어려움

③ 경제적 문제

대부분 어렵고 부모가 일하는 시간이 많아지면서 아동보호의 문제발생

④ 교육, 심리적 현황

외모적 특성에 의해서 또래 집단으로부터 놀림을 당하고 언어능력의 부족으로 인한 학습 부진으로 학교에 가지 않으려 하고 주 양육자인 어머니의 원활치 못한 한국어 때문에 자신의 사회심리적인 갈등을 해결하지 못한 좌절감으로 자아 정체감 위기 : 비행이나 반사회적 행동을 보이는 문제아 가능성 존재

⑤ 사회적응의 곤란 : 한국말을 잘 못하거나 불법체류자라서 학교에 가지 못하는 경우가 많고 집단따돌림으로 심각한 정서적 충격(자살 충동 등)

⑥ 정체성의 혼란

두 나라의 문화를 동시에 접하기 때문에 가치관 및 생활풍습의 차이로 인해 혼란을 겪음

⑦ 심리적 문제

사회적 좌절감 느끼고 미래와 현실에 대한 불안과 좌절감, 자아 정체감 위기 등으로 대인관계에 불신을 나타내는 경향

⑧ 부모와의 관계

역할이 어머니에게 편중되어 경제적 부담감으로 아동학대 및 재혼의 경우 양아버지의 학대로 인한 정서적 불안

(4) 다문화가정 원예치료 프로그램의 목적 및 목표
- 어린이들에게 정서적 안정과 자연에 대한 학습 동기 부여
- 이주여성들의 정신적 건강과 부부관계 개선시켜 다문화가정의 안정과 농촌지역 사회의 안정과 화합, 세대 간 관계 개선
- 새로운 지식을 배움으로써 자신감을 갖고 활동을 통해 공감대가 형성되고 유대감이 생기도록 돕는다. - 이주여성들의 한국 문화의 적응
- 부부간 소통의 매체로 활용하고 한국의 정서를 익히는 데 도움을 주며 다양한 사람들과의 교류로 외로움과 소외감을 완화시켜 마음의 정화를 돕는다.
- 어린이들에게 원예 지식과 생활의 지혜를 가르친다.

① 프로그램 접근 방법
- 한국말을 배울 수 있는 기회를 제공하고 재미있고 즐거운 원예활동을 하도록 하며, 개방적이고 자유로운 분위기와 부정적인 감정을 완화시키며 존중하는 태도를 갖는다.
- 고국의 향수병을 수용해서 자국에 대한 자긍심 고취 시킨다. 특히 온 가족이 프로그램에 참여하여 합동하여 제작하고, 그 결과물을 서로 공유함으로 가족의 사랑을 확인할 수 있게 된다.
② 프로그램
테라리움, 디시가든, 수경재배, 압화를 이용한 카드 만들기, 삽목 체험, 꽃바구니 만들기, 바구니 정원 만들기, 스칸디아 모스를 이용한 액자 만들기, 재활용품을 이용한 심지 화분, 페트병 이용한 다육 심기, 비빔밥 만들기, 카나페 만들기 등
끝으로 원예 활동에 참여한 다문화가정 세대에게 참여한 소감을 물어서 추후의 프로그램에 보완하여 진행하는 것이 좋다.

7. 원예치료의 심리적용

1) 정신병적 대상자

심리적이거나 행동적 이상을 가진 대상자를 말하며, 이 집단은 단기, 중기, 장기적인 증상을 가진 모든 연령층이 포함되며, 매우 다양한 증상이 포함된다. 정신분열증(조현병), 망상-강박 장애, 공포증, 성격장애, 섭식장애, 기분장애 등 이다. 관련된 특징으로 우울, 집중 불능, 무기력, 과다행동, 공격성, 분노, 광장 공포증, 혼란, 불안, 그리고 강박적 행동 등이 있으며, 이들의 원예치료의 목표는 다음과 같다.

재활, 의사소통 향상, 격려, 훈련, 공격성 배출, 창조성, 자아존중감, 사회적 상호작용, 책임감, 자신감, 현실감(Reality orientation), 새로운 관심 등

2) 신체적 장애를 가진 사람들

일시적 또는 영구적 장애와 모든 연령층을 포함하며, 휠체어, 워커, 의수 등의 장애 보조기구를 사용하거나 이러한 보조기구를 사용하지 않더라도 기동성의 장애를 가진 자를 대상으로 할 수 있다. 전형적인 문제는 근력과 힘의 쇠퇴, 한팔 또는 양팔의 허약이나 마비, 그리고 쥐기와 잡기의 곤란, 굽히기, 들기, 뻗기, 무릎 꿇기 등에 어려움이 있고 운동성과 균형성이 부족한 것 등이다.

원예치료의 목표는 다음과 같다.

재활, 적응 기술훈련, 분노의 표출, 기술, 격려, 사회적 상호작용, 책임감

3) 노인

수명의 연장으로 인한 노인 인구의 증가로 허약 및 치매 노인 또한 증가하고 있다. 노인 대상자의 가장 일반적인 장애는 관절염으로 운동성에 큰 문제가 있으며, 치매, 나이에 따른 기억력 감퇴와 같은 정신적 질환도 접근할 수 있는 원예치료적 문제이다. 원예치료의 목표는 다음과 같다.

재활, 격려, 책임감, 기술의 공유, 회상치료(Reminiscence Therapy), 적응 기술, 사회적 상호작용, 건강 유지 효과

4) 약물남용과 범죄자

출소자들이 건전한 사회에 복귀시켜 재범에 이르지 않도록 하는 것이 중요하다. 또한 교도소 수감자들은 수용기간 동안 불안, 우울, 분노, 피해의식 등 여러 가지 스트레스로 정신적 어려움을 겪기 때문에 이러한 심리적 문제들을 완화시키고 부정적인 사고들을 긍정적으로 전환시킬 수 있는 효과적인 예방적 차원의 프로그램 실시가 요구된다. 이 집단에 대한 원예치료의 주요 과제는 다음과 같다.

- 자아존중감 향상
- 책임감 있고 절제된 태도의 육성
- 범죄적인 생활 태도에서 벗어나거나 약물이나 술을 끊어서 생긴 무료한 시간을 채우는 여가시간으로 활용
- 사회적으로 인정받는 직업을 갖기 위한 훈련제공

5) 감각기능 손상자

이 집단은 시력 상실자와 청각 상실자, 또는 다른 감각이 손상된 사람들이며, 이 경우의 원예치료 목표는 다음과 같은 것을 들 수 있을 것이다.

- 적응 기술훈련 - 사회적 융화
- 해석(interpretation) 기술 • 치료적(therapeutic) 효과

〈출처 : 농촌진흥청 국립원예특작과학원〉

Ⅲ. 원예 심리상담

1. 원예 심리상담사(원예치료사)의 자세

프로그램을 진행하는 원예 심리상담사(원예치료사)는 기본적으로 사람에 대한 이해가 깊고 관심이 있어야 하며 사랑하는 마음이 있어야 한다. 또한 원예에 관한 학문적 이해를 기반으로 하여, 풍부한 상식으로 프로그램에 참여하는 사람에게 동기 부여와 흥미를 유발시켜 편안한 마음으로 임하게 할 때 원하는 목표가 이뤄질 수 있다. 또한 칭찬이나 격려를 많이 해줌으로 자존감이나 성취감이 향상될 수 있도록 해야 한다. 특히 프로그램을 진행하는 동안 개개인의 표정이나 행동을 면밀히 살펴서 정서적, 인지적, 행동적 측면의 문제 등이 보이면 활동을 잠시 중지시키고 대상자에게 적당한 다른 대안책을 마련해 보거나 심리상담 원리에 근거해서 적용하는 것도 중요하다. 따라서 원예치료에 접목해서 도움이 될 수 있는 기본적인 상담 원리[1]와 원예치료사의 자질[2]에 대하여 간략히 기술한다.

1) 원예치료사(원예 심리상담사)의 자질
첫째, 대상자에게 진취적이고 긍정적인 자세
둘째, 남을 도울 수 있는 인내심
셋째, 원예에 대한 학문적 지식과 사람에게 전달할 수 있는 능력
넷째, 식물과 사람의 관계를 새롭게 인식하여 아이디어를 창출할 수 있는 능력
다섯째, 자신감과 확신
여섯째, 다른 사람의 문제에 휩쓸리지 않고 전문성과 따뜻함을 유지하는 태도
일곱째, 대상자의 회복(재활)이라는 목표를 향해 협업할 수 있는 팀워크 정신

2) 상담의 정의
상담이란 전문적 훈련을 받은 상담자와 심리적 어려움으로 타고난 잠재력을 발휘하지 못하는 내담자와의 상호작용을 통해 내담자의 문제해결, 내담자가 행복한 삶을 살아가도록 돕는 과정으로 문제를 해결하기 위한 상담자와 내담자 사이의 상호작용을 말한다. 따라서 둘 사이의 소통이 중요한데, 소통은 마음의 충전에서

시작되며, 긍정적인 생각을 가진 사람이 좋은 결과를 얻을 수 있다.

상담의 가장 중요한 점은 내담자의 자존감을 높여주는 것으로 자존감은 삶의 질을 결정하는 데 중요한 역할을 한다. 따라서 원예 심리상담사(원예치료사)는 프로그램을 진행하는 동안 대상자들에게 자존감을 높여 줄 수 있도록 대화를 시도하여야 한다.

3) 자존감 높여주는 대화법
(1) 말을 줄이고 리엑션은 많이 한다.
: 자존심 대화법이 아닌 자존감 대화법을 한다.
(2) 상대방의 칭찬을 많이 해준다.
: 자존감은 상대방의 리엑션을 먹고 산다. 뒷담화는 하지 마라
(3) 차가운 말이 아니라 따뜻한 말을 해라.

4) 상담자의 인간적 자질
상담자가 인격적으로 성숙한 만큼 내담자를 도울 수 있다.
(1) 인간에 대한 깊은 이해와 존중
상담자는 내담자의 고통과 아픔을 함께하고 내담자의 내면세계를 이해하고 존중해야 한다.
(2) 상담에 대한 열의
상담자는 상담 활동에 몰입할 수 있어야 하고 내담자를 돕겠다는 순수한 열정으로 상담에 임해야 한다.
(3) 다양한 경험과 상담관 정립
다양한 경험을 통해 공감 능력을 향상시키고 자기 나름의 상담관을 정립해야 한다.
(4) 상담자 자신을 인정하고 돌보기
상담자가 자신을 한 인간으로 존중하고 사랑할 때 내담자를 진심으로 도울 수 있다.
(5) 상담자의 가치관
자신의 가치관을 충분히 파악하고 상담 장면에서 일어날 수 있는 갈등도 예상할 수 있어야 한다.

5) 상담자 윤리 핵심 : 성실해야 한다.
① 해를 끼쳐서는 안 된다.
② 전문가로서 책임을 준수한다.
③ 내담자의 비밀을 지킨다.

단, 비밀의 한계는 생명이나 사회의 안전을 위협하는 경우, 감염성이 있는 치명적인 질병이 있다는 확실한 정보를 가졌을 경우, 심각한 학대를 당하고 있을 경우, 법적으로 정보의 공개가 요구되는 경우는 예외다.
자살, 성폭력, 아동 폭력, 전염병(메르스, 에이즈, 코로나 등)

6) 내담자의 특성 이해

(1) 내담자 문제의 특성

내담자는 정서적, 인지적, 행동적 측면의 문제 있음

① 정서적으로 우울, 불안, 분노 등의 다양한 부정적 정서를 경험

② 인지적으로 많은 왜곡 있음

③ 거식, 불면, 중독, 폭력, 성 문제, 불안과 두려움으로 인한 생활상의 어려움 등 다양한 행동 문제

(2) 내담자에 대한 이해

상담자는 내담자의 마음을 잘 이해하고 편안하게 자신의 어려움을 이야기 할 수 있도록 분위기 조성

① 편안한 분위기 조성(Rapport 형성)

② 내담자의 문제 구체화, 명료화

③ 내담자의 상황(개인적 환경적 특성)

④ 내담자의 강점 내외적 자원 파악

- Rapport 형성 : 의사소통에서 상대방과 형성되는 친밀감 또는 신뢰 관계가 형성되는 것
- 공감적 이해 : 상담자가 내담자의 경험방식으로 내담자의 세계를 경험하려 하고, 내담자와 같은 방식으로 생각하고 느끼도록 노력하는 것

7) 상담 관계의 특징

- 인간관계와 구별되는 특징

① 상담자의 따뜻함, 민감성

② 감정을 자유롭게 표현하도록 허용

③ 압력을 가하거나 강요하지 않음

④ 행동의 한계

- 상담 관계에서 중요한 상담자의 태도 :

상담자 자신에 대한 충분한 이해를 바탕으로 자신을 솔직하게 인정하는 것
내담자의 경험방식으로 생각하고 느끼도록 노력하며 내담자를 판단하지 않고 있는 그대로 수용할 것

8) 상담 관계 형성 방법
  (1) 경청하기
     내담자는 자신을 괴롭히는 일을 이야기하기 위해 상담자를 찾아옴
  (2) 상담에 대한 동기 부여하기
     상담은 내담자가 자발적으로 참여할 때 효과적이다
  (3) 감정 반영하기
     상담자가 내담자의 말을 경청하고 있다고 느끼도록 하는 가장 좋은 방법은
     감정을 반영하는 것이다. 내담자가 불안감을 충분히 경험할 수 있도록 함
     으로써 그 고통을 받아들일 용기를 북돋아 준다.
     숙련된 상담가들은 끊임없이 내담자의 감정을 명료화하고 적절한 시기에
     반영을 해 준다.
  (4) 무 조건적인 긍정적 존중하기
     내담자의 발언에 긍정적으로 존중해 줄 때 상담자와 좋은 관계로 상담이
     이루어질 수 있다
  (5) 내담자 문제를 정확히 이해하기
     내담자의 이야기를 듣고 절실한 문제가 무엇인지 빨리 파악하고 무엇을 해
     결하는 것이 더 중요한지 파악 : 내담자의 신뢰↑, 적극적 상담 태도
  (6) 상담자의 내담자에 대한 경청의 단계
     배우자 경청 : 조언 무시
     소극적 경청 : 건성으로 듣기(딴생각하며)
     적극적 경청 : 앵무새 대화법
     맥락적 경청 : 심층적 공감 (숨은 의도 파악해서)
     상담은 적극적 경청부터 시작
     예) ~구나, ~속상했겠구나, 힘들었겠구나~
           ~뭔가 이유가 있겠지, 어떻게 해주면 좋을까? 어떻게 도와줄까?

2. 원예 심리상담의 실제(원예치료 기본기법)[9]

  1) 행동이론을 이용한 원예치료

     정서장애 중 우울은 자아존중감과 더불어 가장 많이 연구됨
     환경으로부터 강화 부족은 우울과 관련되고 강화는 행동을 뒤따른다.
     우울의 원인 : 긍정적 강화의 결과가 없는 방법으로 행동하거나
                 환경에서 이러한 긍정적 강화를 주지 않는 경우
                 높은 수준의 처벌이나 부정적강화의 경우

우울의 감소 : 행동을 변화시킴으로써 긍정적 강화를 높인다.

  중요한 접근 방식은 즐거운 사건을 만드는 것

긍정적 강화 : 원예치료를 통해 스스로 자신의 감정을 표현할 수 있는 기회를 갖
      는 것. 성공적인 감정이입과 성취감 등의 긍정적인 경험

긍정적인 강화를 통해 부정적이고 극단적인 감정들에 집중되었던 관심이 해소되
고 다양한 프로그램을 통해 기분이 전환, 긍정적이며 진취적인 감정이 증가

원예치료의 전체적인 과정을 통해 우울, 불안 등 정서장애 극복이 가능하다.

- 인지행동치료(Cognitive Behavioral Therapy : CBT)

  인간의 심리적인 문제를 일으키는 비합리적 사고를 바꾸기 위해 사용된 방법
으로 Aaron Beck이 주장하였다. 경험적 연구에 따라 CBT는 현재의 문제를 해결
하고 인지(예 : 사고, 신념 및 태도), 행동 및 정서적 규칙에 도움이 되지 않는
패턴을 변경하는 것을 목표로 하는 개인 대처전략의 개발에 중점을 둔다.

원래 우울증을 치료하기 위해 고안되었으며 다양한 방법을 통해 인지의 변화를
촉진하는 목표 지향적이고 해결 중심적 치료이다.

  정신질환이 나타나는 이유를 어떠한 사물이나 사건에 대한 해석의 차이에서
발생한다고 생각하고 그러한 생각을 어떻게 다루느냐에 중점을 두고 있는 치료
법으로 부정적 사건의 원인에 해석과 반응을 환자들이 스스로 조절해 나갈 수
있도록 도와주는 것이다. 사람들의 느낌을 결정하는 것은 그 상황 자체가 아니고
그 상황을 해석하는 방식에 달려 있으며 모든 심리적 장애에는 왜곡되는 역기능
적인 사고가 공통적이며, 역기능적인 사고가 환자의 기분과 행동에 영향을 미친
다고 본다. 인간의 행동이 인지, 즉 생각이나 신념에 의해 매개 된다는 가정을
받아들여 문제행동과 관련되는 내담자의 인지 체계를 변화시키기 위한 치료적
접근법이다.

2) 심리적 적응단계에 따른 원예 치료적 적용

  갑작스런 사고나 질병 등 예기치 못한 신체장애나 암과 같은 병 등이 발생하
면 개인은 충격, 부정, 우울 반응, 독립에 대한 저항, 적응의 심리적 적응과정을
거치게 된다. 그 원예 치료적 적용은 충격받은 초기에는 라포형성 및 집단 내 대
상자 간 상호관계를 향상시키고 개별 활동을 통해 원예에 대한 흥미를 유발시킨
다. 따라서 가급적 간단하고 쉽게 할 수 있는 작업으로 자신감이 향상되도록 하
여야 한다.

  다음으로 중기에서는 부정, 우울 반응, 독립에 대한 저항단계로 역동적인 활동
을 통한 부정적 감정을 표출, 해소하기 위해 식물을 이용한 다양한 감각자극이

필요하다. 또한 공동작업을 통한 자신 및 타인에 대한 수용을 증진시켜야 한다.
 말기에 비로소 적응을 하므로 자존감과 현실 적응력이 향상되고 삶에 대한 태도도 긍정적으로 변화되며 실생활에도 응용할 수 있게 된다.

3) 지지기법을 활용한 원예치료

 정신적, 신체적, 인지적 장애를 가지고 있는 대상자들은 역할 분담 등의 일 처리에 갈등 초래, 대인관계에 어려움이 있고 주변으로부터 소외를 경험한 경우가 많다. 이들에게는 원예치료 프로그램 진행 중 칭찬과 격려, 감정공유 등 정서적인 지원, 문제와 해결책을 제시, 과제를 수행하는 방법에 대해 시범을 보이며 지시, 충고 등 정보적 지원으로 집단에 포함됨을 증명하고, 개인에 대해 수용을 표현하는 소속감 등으로 사회적 지원(지지)을 제공한다.
결과 : 계획된 원예치료에 적극적으로 참여하게 되고 치료목적을 달성하는 데 중점적인 역할을 수행하여 성취감과 자존감이 회복될 수 있다.

4) 회상기법을 이용한 원예치료

 대화가 가능한 대상자 모두에게 적용이 가능하며 인생에 대한 다양한 경험을 가진 노인들에게 더 적합하다. 단기기억보다 장기기억을 가지고 있는 치매 노인의 경우 과거의 즐거웠던 일을 회상하게 함으로써 인지기능의 저하를 예방할 수도 있다. 회상의 내용에 따라 아동기, 청소년기 및 성인기, 노년 및 미래의 전 생애 발달단계에 따라 진행되며 신뢰감 및 라포(Rapports)형성 에서부터 회상 및 회상 마무리 등으로 진행된다.

5) 합리적, 정서적, 행동적 치료기법(REBT)을 이용한 원예치료

 REBT(Rational Emotive Behavior Therapy)란 Albert Ellis가 발전시킨 최초의 인지행동 상담 중 하나로 인간이 경험하는 심리적인 문제가 외부에서 주어지는 자극을 인간이 비합리적 사고방식으로 지각하고 해석하기 때문이라고 보는 이론이다. 인간의 감정과 문제가 대부분 비합리적인 사고로부터 생겨난다는 개념에 기초를 두기 때문에 그 목적은 비합리적 사고를 합리적사고로 바꿔 주는 데 있다.
 병징이나 장애로 인해 정서적, 인지적 왜곡을 가지고 있는 사람에게 정서적, 인지적 왜곡을 해소하여 행동의 변화를 꾀하려는 것으로 이 기법의 적용이 효과적일 수도 있다. 인간의 부적응행동 또는 이상심리는 환경이나 무의식에서 유발되는 것이 아니고 그 사람이 지니고 있는 왜곡되고 부정확한 신념 체계 또는 비합리적 신념 때문에 발생한다. 인간의 정서와 행동은 자기 언어에 의해 결정되므로 자기 언어를 변화시킴으로써 정서와 행동을 통제할 수 있기 때문에 정서적 혼란과 관계되는 비합리적 신념 체계를 논박하여 이를 최소화하여 합리적인 신념 체계로 바꾸도록 하여 현실적이고 효과적이며 융통성 있는 인생관을 가질 수 있도록 하는데 중점을 둔다. 인지적 기법, 정서적 기법, 행동적 기법 등을 이용하여 원예치료 프로그램을 진행할 시 통합적으로 활용하면 효과적일 수 있다.

- 인지적 기법 : 비합리적 신념 논박하기, 인지적 과제 주기, 내담자의 언어를 변화시키기, 자기방어의 최소화, 대안 제시, 유머 사용 등
- 정서적 기법 : 합리적 정서 상상, 부끄러움 제거 연습, 감정적 언어사용 등
- 행동적 기법 : 보상기법, 역할연기, 활동 과제 부과 등

3. 집단상담이란?[1]

심리적 문제가 심각하지 않은 사람들이 모여 집단을 형성하고, 그들이 전문상담자와 함께 서로 신뢰하고 허용적인 분위기 속에서 자기 이해와 수용 및 개방을 촉진하는 상호작용을 함으로써 개인의 태도와 행동을 변화시키고 문제를 해결하며, 나아가 잠재 능력의 개발을 꾀하는 활동을 말한다.

1) 집단상담의 장점
- 경제적이고 개인 상담보다 심리적 부담이 적음
- 집단의 상호작용을 통해 폭넓은 관심사를 갖게 됨
- 소속감과 동료 의식 및 풍부한 학습경험을 가질 수 있음

2) 집단상담의 단점
- 내담자의 개인적인 문제를 등한시할 수 있고 비밀 유지가 어렵다.
- 집단역동에 대한 깊은 이해와 경험을 쌓는 것이 필요하며, 적절한 지도상의 문제가 제기될 수 있다.
- 집단성원 모두에게 만족을 줄 수 없다.
- 집단역동에 대한 깊은 이해와 경험을 쌓는 것이 필요하며, 적절한 지도상의 문제가 제기될 수 있다.
- 집단구성 시 개인의 성격적 기능이나 문제의 심각성을 고려하여 부적합한 사람에게는 유의해야 한다.
- 시간적 제한으로 개인적인 문제가 충분히, 깊이 다루어지지 않을 가능성이 많다.(시간적으로나 문제별로 집단구성 어려움)

3) 부부집단 원예 심리치료
부부집단상담을 원예라는 매체와 접목하여 함께 프로그램에 참여하여 작품을 완성해 나가는 과정을 통하여 감정이 순화되고 문제가 해결될 수 있다.

- 부부집단상담 : 미국 존 벨(John Bell)이 개발한 상담 방법으로 부부가 집단을 이루어 다른 부부와 함께 자신의 문제를 해결하는 방법으로 진행
- 부부집단상담의 장점

  자기 부부와 다른 부부의 문제를 통해 보편적인 문제임을 깨닫고, 관찰을 통해 적절한 행동과 기대를 확인하는 것이 가능하며 다른 부부를 관찰함으로써 통찰과 기술을 개발하고, 자신의 변화된 감정과 행동에 대해 집단구성원인 다른 부부의 피드백과 지지를 얻을 수 있다.

  치료 : 집단상담을 통해서 감정의 찌꺼기들을 토해내 보고, 서로에 대한 생각을 표현하여 잘 못 생각하고 오해하고 있었던 점 알아보기

4) 부부 문제 해결[b)]

(1) 1부 : 비움의 시간

마음속에 있는 나의 생각들을 비워내는 작업으로 마음에 분노와 아픔, 상처 그리고 슬픔과 원망이 가득하면 기쁨도 기쁨으로 느껴지지 않으며 행복도 행복으로 여겨지지 않고 마음에 담기 힘들어진다.

(2) 2부 : 채움의 시간

비워낸 마음속에 좋은 기억들과 내 마음의 소리를 배우자에게 알리며 채워 가는 시간으로 평소에 알지 못했던 배우자의 마음을 깊이 들여다보고 그 마음의 소리에 귀를 기울이면서 따뜻함을 느끼게 된다. 시간이 지나면서 여러 가지 환경이나 성격에 의해서 위기에 처할 때도 있으나, 그럴 때마다 서로 중심을 잃지 않도록 노력하는 것이 필요하다.

우여곡절을 이겨내면서 단단해지고 서로에 대한 감사와 이해, 배려가 깊어진다. 채움의 시간을 통해 서로에게 듣고 싶었던 말을 알게 되고 따뜻하게 손잡고 함께 작품을 만들면서 상대방에 대해서 귀함과 감사함을 느끼는 소중한 시간이 될 수 있다. 결혼 후 같이 살면서 희로애락을 겪어내고 고비를 견뎌내고 성장하며 그로 인해서 서로의 관계가 단단해짐을 느끼게 된다.

상대방이 이해해주기만을 바라고 상대방의 생각을 잘 모르고 나의 생각을 잘 표현하지 못하면 상대방에 대한 생각과 기억이 왜곡될 수도 있다. 마음을 터놓고 서로 이야기를 하여 상대방의 생각을 알게 되면 비로소 위로가 되고 가슴이 뜨거워지게 된다. 그 순간 서로가 마음을 열고 이 시간을 감사함으로 받아들이고 있음을 느끼게 되며 공감의 시간은 예상보다 빨리 오게 된다.

채움과 비움의 시간을 통해서 부부 문제를 해결하고자 할 때 전문적인 상담사의 개입이 부부 문제를 원만하게 해결하는 데 도움이 된다.

(3) 상담사의 개입

 ① 서로 경청하기
 상담실은 이야기하기 위해 오는 곳이지만, 부부 상담은 상대의 이야기를 듣기 위해 오는 곳이기도 하다. 시작할 때 발언 순서를 상담자가 정리하겠다는 이야기를 먼저 한다. 상대방의 이야기를 감정을 가라앉히고 들어보는 것이 첫 단계이다. 이야기가 시작되면 상대의 이야기가 자신의 생각과 달라도 일단 끝까지 듣기로 약속하고 한 사람의 이야기가 끝나면 다른 한 사람의 이야기도 그 만큼의 시간의 할애하여 함께 듣는다. 양쪽의 이야기를 듣고 객관화를 하면서 상대의 성격이나 습관, 서로를 대하는 태도를 이해하지 못해 점점 감정의 골이 깊어졌다는 것을 알게 된다.

 ② 차이를 인정하고 받아들이기
 성장 환경이 다른 남녀가 만나 가정을 이루기 때문에 성격 차이가 있는 것은 당연하다. 성격 차이를 상대에게 적절하게 설명하고 조율해 나가는 것은 쉽지 않다. 서로의 성격을 이해하기 위해 검사를 활용하며, 그 결과를 가지고 이야기하면 좀 더 쉽고 빠르게 갈등의 원인을 이해할 수 있다. 심리검사는 서로의 차이를 이해하는데 유용한 점이 많으므로 부부 상담의 경우 받아볼 필요가 있다.

 ③ 마음을 있는 그대로 표현하기
 부부 상담은 격한 감정이 어느 정도 가라앉아야 서로에게 정말 원했던 것들이 무엇인지를 이야기할 수 있다. 상대에게 원하는 것을 이야기하면 거절당할지도 모른다는 불안감 때문에 추측을 많이 하게 되는데, 지나친 추측 또한 부부관계를 망치는 원인이므로 추측을 걷어내고 마음을 솔직하게 이야기하는 연습을 시작한다. 마음을 있는 그대로 표현하는 것이 오히려 상대의 마음을 움직인다는 것을 경험하게 되고 부부는 상담자 없이도 편안한 대화를 나누기 시작하게 된다.

 ④ 우리 가족만의 의식(ritual) 만들기
 가족은 소소하지만 즐거운 의식들을 함께 할 때 더 돈독해지며 가족들이 뭔가를 함께 하면서 추억이 만들어질 때 아이들도 안정감을 얻게 된다. 평소 무엇을 함께 하고 싶었는지 이야기하면서 할 수 있는 것을 찾아 하나씩 해보는 시간을 가질 때 대단한 것이 아니어도 된다는 것을 느끼기 시작한다. 아이들이 성장하면 아이들의 의견도 함께 반영해 가족만의 의식을 많이 만들면 좋은 방향으로 나갈

수 있다

Ⅳ. 원예치료 프로그램의 실제

갈란드 만들기 – 향기 담은 초록 갈란드를 만들어 봐요

대상자 : 초, 중등 학생, 경증 인지장애자
목표 : 식물자원으로 오감을 자극시켜 정서적, 인지적 능력을 향상과 자신감을 고취 시키며 감각자극을 통한 안정감과 관절 가동범위를 증가시킨다.
준비물 : 유칼립투스, 미스티블루, 리본, 마 끈, 가위 등
도입 : 가벼운 손 유희로 분위기를 띄우고 사용될 식물 소재와 갈란드란 무엇인지 설명하며, 집안 어디에 두면 좋을지 의견 나눈다.

전개 :
1. 유칼립투스와 미스티블루를 분배한다.
2. 유칼립투스의 아래 잎을 훑어 낸다.(묶어줄 부분)
3. 유칼립투스의 긴 줄기를 중심으로 선이 아름다운 것을 모아준다.
4. 사이사이 미스티블루도 섞어가며 작은 꽃다발처럼 만든다.
5. 마 끈으로 묶거나 리본으로 장식하여 걸어준다.
6. 양쪽으로 늘어지게 만들 시 줄기를 조금 짧게 잘라 두 개를 만들어 중앙 부분을 리본으로 묶어준다.
7. 두 소재 모두 건조시키면 좋으므로 그대로 걸어서 실내를 장식한다.

기대효과 :
1. 꽃다발을 묶는 과정에 손의 근육 발달을 기대할 수 있다.
2. 유칼립투스의 향기로 인하여 안정감을 느낄 수 있다.
3. 후각을 통한 인지능력이 향상될 수 있다.

정리 : 갈란드(garland)[12]란 여러 가지 장식 재료들과 함께 엮어서 길게 만든 화훼장식품으로 일반적으로 행사장에 장식하거나 가정에서 실내에 매달아 장식하기도 한다.

● 유칼립투스[b]를 이용한 갈란드의 효과 :
비염 증상 완화 및 공기정화 기능(살균 및 악취제거)
해충퇴치 효과(원주민들의 해충퇴치에 이용됨)와 스트레스 완화
수면 유도 및 그린인테리어 효과

고무신을 이용한 걸이 화분 만들기 – 꽃길만 걸어요~

대상자 :초, 중등 학생, 일반인, 노인 등
목표 : 고무신에 꽃을 그리고 식물을 심어 장식하므로 눈과 손의 협응력을 향상
　　　시키고 식물을 통한 정서적 안정을 도모한다.
준비물 : 고무신, 식물(아이비), 아크릴물감, 착색 이끼, 면봉(붓), 공예 철사,
도입 : 인사 나누기와 손 유희 활동, 건강 박수 등으로 라포 형성을 시도한다.
　　　고무신에 대한 추억으로 과거를 회상하게 한다.
전개 :
1. 고무신의 뒷부분에 구멍을 뚫고 공예 철사를 끼운다.(철사는 볼펜으로 구부려
　물결모양을 만들어 사용)
2. 면봉과 아크릴물감을 사용하여 고무신에 아름다운 꽃을 그린다.(붓 사용 가능)
3. 아이비를 화분에서 빼서 고무신 앞부분에 심어준다.
4. 착색 이끼를 이용하여 아이비가 단단히 고정되도록 한다.
5. 식물에 물을 주고 철사를 이용하여 걸이 화분처럼 장식한다.
기대효과 :
1. 그림을 그리는 미술 활동을 통해 눈과 손의 협응력과 창의력을 향상시킨다.
2. 미술과 원예의 콜라보의 어우러짐을 경험하며 성취감을 느낄 수 있다.
정리 :
　아이비[f]의 특성 : 두릅나무과의 공기정화 식물로 아이비는 덩굴성식물이며 공중
뿌리가 뻗어 나와 이를 이용해 벽 따위의 표면이나 철사 등을 잘 타고 오르는
특성이 있다. 서늘한 온도를 좋아하고 강한 햇빛은 피해주어야 하며 수경재배도
가능하다. 아이비는 음이온 발생량과 상대습도 증가량이 많은 식물이며 소품으로
공부방 책상 위에 놓아두면 좋다. 고무신을 이용한 작품을 만듦으로 내 인생에
펼쳐질 꽃길과 꽃신을 신고 함께하고 싶은 사람을 발표하게 하고 지지의 박수를
보낸다.

고슴도치 볼 만들기

대상 : 청소년, 편마 환자 및 집중력 결핍 대상자
준비물 : 소철, 플로랄 폼(오아시스), 가위, 나이프, 낚싯줄, 나뭇가지(or 면봉),
목표 : 식물 만져보며 촉감 느끼고 창의력 및 도형 감각을 익힌다.

도입 : 어색한 분위기 해소를 위한 질문(오늘 기분 어때요? 등)
       재료설명 및 간단한 자기소개 및 인사.
       (수업에 대한 흥미와 관심, 집중하여 활동 수행 가능)

전개:
1. 플로랄 폼을 나이프를 이용하여 둥근 모양으로 다듬어 가며 내 마음의
   모서리 부분도 다듬는다는 맘으로 볼을 만든다.
2. 소철 잎을 하나하나 가위로 떼어준다.
3. 소철 잎을 같은 길이가 되게 잘라준다.
4. 플로랄 폼에 둥근 구 모양이 되도록 십자 모양으로 틀을 잡아 꽂는다.
5. 잡혀진 틀을 모양을 보아가며 전체적으로 예쁜 구 모양이 되도록 남은
   소철로 꽂아 준다.
6. 구 모양으로 다듬은 플로랄 폼에 같은 방법으로 꽂아 마무리한다.
7. 힘을 받을 수 있는 나뭇가지(혹은 면봉)를 이용하여 낚싯줄을 고정해준다.
8. 완성된 볼을 창가나 공간에 낚싯줄의 길이를 달리하여 매달아 장식한다.
•가위나 칼을 사용하기 어려운 대상자는 보조원이 도와가며 작품을 완성토록 함

기대효과 :
1. 집중력 향상을 기대할 수 있으며, 성취감을 갖게 된다.
2. 소철 잎의 따가운 촉감을 통해 손의 감각을 자극시킨다.
3. 가위를 이용하여 같은 길이로 잘라봄으로써 손 근육의 발달을 기대할 수
   있다.
4. 플로랄 폼을 구 모양으로 다듬고 소철을 십자로 꽂고 그 사이의 중심점을
   향하여 꽂아나가는 과정을 통해 도형 감각을 익힐 수 있다.

정리 :
내 마음의 뾰족한 가시가 다른 사람에게 상처를 줄 수도 있음을 안다.
마무리 후 뒷정리하고, 서로 다른 크기의 볼을 보며 표현하는 시간 갖기. 각자
만든 볼을 이용하여 아름답게 환경을 꾸밀 수 있음에 성취감과 자신감을 가질
수 있다.

응용 : 고슴도치 모양은 플로랄 폼을 삼각형으로 몸체를 만들고 소철의 길이를
달리하여 꽂은 후 소철 줄기로 눈과 발 모양을 만들 수 있다.

곡식 모자이크 - 사랑하는 사람의 얼굴 꾸며봐요

대상 : 초, 중등 학생 및 집중력 결핍 대상자를 포함한 모두
목표 : 집중력 강화 및 손 근육 발달
준비물 : 여러 가지 곡식(호박씨, 참외 씨, 팥, 고추씨, 흑임자 등), 펜, 접착 풀
       (목공 풀), 일회용 플라스틱 접시, 핀셋 등
도입 : 간단한 자기소개 및 인사. 나는 누구일까요?
       그리고 싶은 얼굴 생각하며 수업에 대한 흥미와 관심을 갖고, 알고 있는
       곡식(씨앗)의 종류를 이야기한다.

전개 :
 1. 종자의 모양을 보고 그 특성에 대하여 설명한다.
 2. 일회용 접시에 펜을 이용하여 구상한 얼굴 그림을 그린다.
 3. 눈썹 부분에 접착 풀을 칠한다.
 4. 흑임자를 이용하여 눈썹 모양으로 접착 풀을 칠한 부분에 붙여준다.
 5. 위와 같은 방법으로 얼굴의 다른 부분도 접착 풀을 칠해가며 곡식을 이용해
   꼼꼼하게 붙여나간다.
 6. 잡혀진 얼굴의 모양을 보아가며 전체적으로 예쁜 얼굴 모습이 되도록
   마무리한다.
 7. 완성된 모자이크 그림을 모아놓고 작품에 대한 느낌을 설명한다.

기대효과 :
 1. 집중력 향상을 기대할 수 있으며, 성취감을 갖게 된다.
 2. 핀셋을 이용해 곡식 낟알을 집는 과정을 통해 집중력과 손 근육 운동 효과.
 3. 사랑하는 사람의 얼굴을 표현해보며 고마움을 생각해볼 수 있다.

정리 :
 서로 달리 표현된 얼굴의 모습을 보며 어느 부분을 강조했는지 표현하는
 시간 갖는다.
 곡식이 갖는 다양한 색깔 이해하고 곡식(종자)의 역할 및 중요성 이해한다.
 꾸미기 할 곡식(씨앗)은 유통기한이 지난 오래된 것 사용 권장

곰돌이 모양의 꽃바구니 만들기

대상자 : 초, 중 고등학생, 노인, 일반인
목표 : 꽃꽂이를 통한 정서 순화 및 자신감을 갖는다.
　　　　꽃을 이용하여 동물 모양을 만들어 꽂는 활동을 통하여 창의력이 향상된다.
준비물 : 카네이션(핑크, 자주색 등), 소국, 편백, 바구니, 눈, 코 등 소품,
　　　　플로랄 폼, 포장지, 가위
도입 : 우리나라 대표적 절화인 카네이션과 국화에 대하여 설명하고 곰돌이 얼굴
　　　　만들 때 무슨 꽃이 적당할지에 대한 의견 나눈다.
전개 :
 1. 소재에 대해서 설명한다.(계절 꽃 국화 및 카네이션)
 2. 바구니에 포장지를 깔고 플로랄 폼을 고정시킨다.
 3. 얼굴이 큰 꽃을 이용하여 곰 모양이 되도록 플로랄 폼에 꽂는다.
   (플로랄 폼에 꽃을 때 모든 꽃은 사선으로 자른다).
 4. 곰 모양의 주변으로 소국을 이용하여 높낮이 달리하면서 꽂아 준다.
 5. 여백 부분은 편백 잎으로 채워서 마무리한다.
 6. 곰 모양으로 꽂은 꽃에 눈을 붙여 완성한다.
 7. 곰 모양이 제대로 되었는지 서로의 작품을 감상한다.
 8. 곰 모양의 꽃바구니를 누구에게 선물하고 싶은지 이야기한다.
기대효과 :
1. 꽃으로 다양한 모양을 만들 수 있으며 플로랄 폼을 이용해서 꽃을 꽂으면 손
   쉽게 원하는 모양으로 꽂을 수 있음을 안다.
2. 가위질을 통한 손의 미세 근육이 향상될 수 있다.
3. 집중력 및 정서 순화에 도움을 준다.
4. 아름다운 꽃을 이용하여 바구니를 만들 수 있어 자신감을 갖게 한다.
정리 : 꽃을 꽂기 위해 자르고 남은 가지는 짧게 잘라서 쓰레기 처리하는 데 도
움이 되게 하며 꽃바구니를 선물할 수 있음에 감사한 마음 갖는다

꽃바구니 만들기

대상 : 초 중등 학생, 주부, 노인 등 누구나
목표 : 꽃에 사랑을 담아 고마움을 표현할 수 있다.
    (여러 종류의 꽃을 이용하여 꽃바구니를 만들어 고마운 분들에게 선물할
    수 있다)
준비물 : 꽃(여러 종류의 꽃) 편백, 바구니, 플로랄 폼, 꽃가위 등

전개 :
1. 꽃의 이름과 특성에 대해 설명한다.
2. 꽃바구니에 플로랄 폼을 고정시킨다.
3. 편백을 짧게 잘라 바탕을 꽂아 준다.
  (색이 예쁜 줄기를 조금 남겨서 마지막에 꽃 사이에 꽂아 마무리 할 수 있다)
5. 꽃바구니의 중앙에 중심 꽃을 먼저 꽂고 사이사이에 작은 꽃을 꽂는다.
6. 일반적으로 작은 봉우리는 높게, 핀 꽃은 낮게 꽂는다.
7. 완성된 꽃바구니에 꿈과 소망을 담아 이름을 붙인다.
8. 누구에게 선물할지를 발표하며 다른 대상자에게 자신의 작품을 보여 준다.
9. 서로의 작품을 칭찬하는 시간을 갖는다.

기대효과 :
1. 다양한 꽃의 이름을 안다.
2. 같은 종류의 꽃이라도 다양한 색깔이 있음을 안다.
3. 꽂는 동안에 집중력이 높아진다.
4. 여러 가지 꽃을 이용하여 꽃바구니를 아름답게 장식할 수 있다.
5. 가위의 사용으로 손의 미세 근육을 향상시킬 수 있다.
6. 서로의 칭찬과 격려를 통하여 성취감 및 자존감이 향상된다.

정리 :
생활 속에서 꽃을 이용하여 원예활동을 할 수 있음을 안다.
사소한 것이지만 조금만 정성을 들이면 생활 속의 아름다운 여유를 찾을 수
있음을 안다.
꽃을 이용한 장식은 인간의 삶을 건강하게 가꾸는 역할을 하며 아름다움을
창조하는 경험을 하게 되고 자신감과 성취감을 얻을 수 있다
꽃꽂이를 이용한 원예치료 프로그램으로 창조적 파괴가 가능함을 알 수 있다.
뒷정리 및 물 관리 설명한다.

● 후리지아[9]는 추식구근으로 향기로운 꽃이 겨울에 핀다. 남아프리카 희망봉이 원산지이며 19c 초에 유럽에 소개되어 널리 퍼졌다. 노랑, 흰색, 보라색 등 다양한 색의 꽃이 있으며 꽃말은 순결, 청순함.

다양한 소재로 장식한 꽃바구니 모습

꽃을 이용한 마음 표현하기 - 나도 꽃! (만다라)

대상자 : 청소년, 성인, 노인 등 모두
목표 : 섬세한 꽃 작업을 통하여 집중력을 향상시키고, 완성된 작품으로 자존감
       및 긍정적인 자아를 형성한다.
준비물 : 생화(장미, 카네이션, 소국), 하드보드지(8절), 목공 풀
도입 : 사용될 꽃에 대한 특징과 의미를 설명하고 나의 마음을 어떻게 표현할까
       마음속으로 생각해본다.

전개 :
1. 꽃을 색깔별로 선택하게 하여 재료를 분배한다.
2. 선택한 꽃을 만져서 촉감을 느끼고 향기를 맡아본다.
3. 꽃이 가장 아름다웠던 것처럼 자신이 가장 아름다웠던 때를 회상해본다.
4. 꽃잎을 하나씩 떼어서 가장 아름답게 활짝 피웠던 자신의 모습을 표현해본다.
   (꽃송이째로 장식하여 볼륨감 있게 표현할 수도 있다.)
5. 꽃잎을 붙일 부분의 하드보드지에 목공 풀을 묻혀서 꽃잎을 붙여가며 작품을
   완성한다.
6. 서로의 작품을 감상하며 무슨 생각으로 표현했는지 발표한다.

기대효과 :
1. 꽃을 보고 정서적, 심리적 안정감을 느낀다.
2. 아름다운 꽃모습을 장식해 가며 자신의 아름다운 모습을 찾는다.
3. 프로그램을 진행하는 동안 집중력을 향상시키며 소근육의 발달을 기대할 수
   있다.
4. 만다라 원형을 통한 우주적 자신의 중요함을 깨닫는다.
5. 작품의 완성으로 자존감을 향상시킨다.
6. 만다라 작업을 실제 적용할 수 있다.

정리 :
 만다라[b]란 부처가 증험한 것을 나타낸 그림으로 우주의 온갖 덕을 갖춘 것이라
는 뜻이며, 모든 법을 원만하게 갖추어 결함이 없는 것을 뜻하기도 한다.
생화를 한 잎 한 잎 따서 배열하며 만다라나 다른 아름다운 작품을 완성하는 과
정을 통해 나의 인생도 한걸음 씩 전진하여 아름답게 수놓을 수 있음을 깨닫게
된다. 꽃잎을 붙여서 만든 작품이 시간이 지날수록 변화하는 과정을 보며 나의
삶도 관조할 수 있다.

관엽식물을 이용한 바구니 정원 만들기

대상 : 학생, 일반인, 노인 등
준비물 : 바구니, 관엽식물 3종류(아레카야자, 스킨답서스, 핑크스타 등),
　　　　　마사토(혹은 바크), 배양토, 착색 이끼, 애그스톤, 숯, 색돌 등
목표 : 바구니를 식물로 아름답게 장식하여 나만의 정원을 만듦으로 성취감과
　　　　자신감을 기를 수 있다(정서 순화 및 소근육 발달)
도입 : 관엽식물의 생육환경을 얘기해 본다.
　　　　바구니에서도 식물을 기를 수 있음에 대하여 설명한다.
전개 :
1. 식물을 나눠주고 이름을 익힌다.
2. 바구니 바닥에 비닐을 깔아 물이 새지 않게 처리한다.
3. 바구니 바닥에 바크(혹은 마사토)를 깔아 배수층 만들고 배양토를 약간
　　넣는다.
4. 관엽식물 3종류를 아름답게 배치한다.
5. 배양토를 다져가며 식물을 심는다.
6. 마사토(혹은 착색 이끼)를 이용해 토양층을 덮어준다.
7. 애그스톤이나 숯을 이용하여 장식한다.
8. 색 돌을 이용하여 아름답게 장식한다.

기대효과
1. 다양한 용기를 이용하여 식물을 장식할 수 있다.
2. 식물의 여러 가지 모습을 관찰하며 각기 다른 특색이 있음을 안다.
3. 손의 미세 근육 운동을 통하여 관절 가동범위가 향상된다.
4. 완성된 작품으로 성취감을 갖게 된다.
5. 아름답게 완성된 바구니 정원으로 정서 순화에 도움이 된다.
6. 식물 심기를 통한 재활용 바구니의 활용도를 알 수 있다

정리 :
식물의 관리요령을 숙지한다.
(한 공간에 다양한 식물이 함께 살아가기 위해서 같은 생육 습성을 가진
것끼리 심거나, 생육 습성이 다른 것을 심고자 할 때는 그 식물을 화분 째
심어줄 수 있다)
주변을 정리하고 물주기 등 직접 관리하는 법을 설명한다.
내가 만든 바구니 정원은 세상에 하나밖에 없는 소중한 나만의 정원으로

다양한 표현을 할 수 있다.

• 접란(클로로피텀)[4]은 긴 줄기 끝에 달린 어린싹이 나비처럼 생겼다고 해서 접란이라고 하며 병해충이 없이 튼튼하게 잘 자라 공중 걸이 등에도 적합하다. 직사광선이 들지 않는 곳이면 어디든지 잘 자란다.

• 아레카야자[5]는 마다카스카르가 원산지인 야자과 식물로 미우주 항공국(NASA)에서 포름알데히드 제거 능력이 가장 우수한 식물로 선발되었다. 실내 환경에 대한 적응력이 매우 높으며 많은 양의 수분을 공기 중에 내뿜는다. 또한 잎의 곡선과 직선이 매우 조화롭고 아름다워서 관상용으로도 좋다.

나만의 칵테일 잔 꾸미기

대상 : 주부를 포함한 일반 성인
목표 : 플라스틱 컵과 스칸디아 모스를 이용하여 나만의 칵테일 잔을 아름답게
꾸밈으로 성취감 및 자신감과 정서 순화를 도모한다.
준비물 : 플라스틱 컵, 컵 받침, 스칸디아 모스, 스트로우(하트 머들러), 색돌,
장식 스톤, 장식파라솔
도입 : 스칸디아 모스의 생육환경을 얘기해본다.
플라스틱 컵에 스칸디아 모스를 이용하여 다양한 꾸미기에 대하여 설명한다.
(플라스틱 컵 등 생활용품으로 다양한 장식을 할 수 있다.)
전개 :
1. 스칸디아 모스와 재료를 나눠준다.
2. 컵 바닥에 색 돌을 2-3 층으로 아름답게 깔아준다.
3. 색돌 위에 장식 스톤을 배치하여 얼음 모양의 효과를 낸다.
4. 하트 머들러 또는 스트로우를 사선 방향으로 색돌 사이에 꽂는다.
5. 컵의 위쪽에 스칸디아 모스를 얹는다.
6. 스칸디아 모스에 장식용 파라솔을 꽂는다.
7. 완성된 칵테일 잔을 컵 받침 위에 놓는다.
8. 나만의 칵테일 잔에 이름을 짓고 의미를 부여해본다.
기대효과 :
1. 다양한 생활 용기를 이용하여 스칸디아 모스를 장식할 수 있다.
2. 작품을 완성함으로써 성취감 및 자신감을 갖게 한다.
3. 아름답게 꾸며진 칵테일 잔을 보며 정서를 순화할 수 있다.
정리 :
스칸디아 모스의 관리요령 및 생활에 응용함을 알게 한다.
플라스틱 컵을 이용하여 나만의 칵테일 잔을 다양하게 꾸밀 수 있다.
• 스칸디아모스 : 암모니아 제거, 곰팡이, 해충, 진드기 생기지 않으며 가습, 제습

넬솔을 이용한 다육 공예 – 다육이 모빌 만들어 봐요

대상자 : 초, 중등 학생, 성인, 노인 등 누구나
목표 : 손과 눈의 협응 작용으로 소근육의 발달 및 정서 순화, 창의력을 키운다.
준비물 : 다육식물, 바구니, 넬솔, 상토, 마 끈, 나무젓가락, 물, 비닐장갑
도입 : 손 유희를 통하여 손의 근육을 풀어주며 다육식물을 통한 모빌의 장점을
　　　　소개한다.

전개 :

1. 다육식물의 특성 및 관리법에 대하여 설명한다.
2. 넬솔 6 : 상토 4의 비율로 혼합하여 칼국수 반죽 농도로 반죽해준다.
3. 토양의 촉감을 느끼며 주먹만 한 크기로 둥글게 빚어놓는다.
4. 빚어놓은 토양 덩이를 마 끈으로 촘촘히 감아준다.(토양이 보이지 않을 정도)
5. 다육식물은 흙을 털어내고 뿌리를 정리한다.
6. 젓가락으로 구멍을 내고 그곳에 다육식물을 심은 후 오므려 주며, 같은 방법
　 으로 다른 다육식물도 심어 준다.(너무 많이 심으면 관리하기 힘듦)
7. 바구니에 담거나 끈을 길게 만들어 모빌을 만든다.

기대효과 :

1. 토양을 반죽하고 마 끈을 감아주는 작업을 통하여 소 근육이 향상된다.
2. 반죽을 둥근 모양으로 모나지 않게 만들며 나의 성격도 모나지 않는지 생각하
　 는 시간을 가질 수 있다.
3. 다육식물을 통하여 아름다운 작품을 만듦으로 예술적 감각 및 창의력이 향상
　 된다.
4. 오랫동안 분갈이하지 않아도 잘 자라므로 실내장식 효과가 있다.

정리 :

　넬솔만으로 마 끈으로 감아 만들면 너무 딱딱해져서 물주기가 어려우므로 상토
를 조금 섞어주면 좋다. 물은 공기그릇에 물을 담고 한 달에 한 번 정도 통째로
20분 정도 담근 후 빼면 된다.

넬솔을 이용한 다육아트

대상자 : 학생, 일반인, 불면증 및 우울증 환자, 암 환우, 취미인 등
목표 : 넬솔을 이용하여 공기정화 기능이 있는 다육식물을 이용하여 소근육 발
　　　달, 심신 안정, 자존감 향상 및 우울증을 해소한다.
준비물 : 넬솔, 다육식물, 미니 전통문, 물, 핀셋, 이쑤시개, 플라스틱 그릇 등

도입 : 넬솔의 특징 및 관리법을 설명하고 다육식물이 사람에게 끼치는 좋은 영
　　　향 및 원예활동을 통한 치유사례를 이야기한다.
전개 :

1. 다육식물, 소품을 나누어 준다.
2. 넬솔에 물을 섞어(2 : 1) 점성이 생길 때까지 주물러 놓는다.
3. 넬솔을 미니 전통문에 잘 고정시켜 뿌리를 손질한 다육식물을 틈새가 생기지
　　않도록 꼼꼼하게 심어준다.(다육식물은 미리 뿌리를 정리해 두면 수월함)
4. 벽면에 거는 넬솔 다육아트의 경우 넬솔이 충분히 굳은 후 걸어야 한다.
5. 완성된 작품은 분무기나 샤워기를 이용하여 서서히 흡수되도록 물을 준다.
6. 햇빛이 잘 드는 곳에서 관리하여 뿌리가 내릴 수 있도록 한다.

기대효과 :

1. 다육식물의 번식이 용이한 특징을 살려 원예의 즐거움을 알 수 있다.
2. 다육식물을 넬솔에 핀셋이나 이쑤시개를 이용하여 차별화된 작품을 만듦으로
　　성취감을 느낀다.
3. 넬솔 다육아트가 주는 사랑스러움과 편안함으로 실내에 장식할 시 생명력과
　　활력을 북돋아 피로 해소와 심리적 안정감을 느낄 수 있다.

정리 :

넬솔[b]은 물과 반죽하면 점성이 생기고 굳어서 형상을 유지하는 배양토이며 다육아트를 만들 때 사용하는 특수토양이다. 다육식물은 밤에 이산화탄소를 흡수하므로 침실에 두면 불면증 해소에 도움을 준다. 특히 음이온 배출과 전자파 차단 및 공기정화 기능이 있어 치매와 우울증도 예방한다. 고마운 분들에게 작고 귀여운 넬솔 다육아트로 사랑을 전할 수 있으며 작품을 꾸미는 동안 소근육 발달, 집중력 및 심리적으로 안정을 찾게 된다.

재활용할 수 있는 버려진 보도블럭이나 기왓장, 금이 간 접시 등에도 넬솔을 이용하여 귀여운 넬솔 다육아트를 만들면 좋다.

다육아트는 최대한 빈틈없이 식재하는 것이 중요하다. 물을 주는 방법은 다육식물의 아래 잎이 쭈글거릴 때 넬솔 흙에 물을 분무하면 되고, 일반용기에 심을 경우에는 넬솔이 완전히 굳은 후 3주에 한 번씩 저면 관수 하면 좋다.(많이 주면 안 됨)

기타 넬솔을 이용한 다육 아트 작품

넬솔을 이용한 다육 정원 만들기 - 키를 이용한 추억 회상하기

대상자 : 치매 예방을 위한 어르신
목표 : 소그룹의 원예활동으로 어르신들과 대화와 교류를 지원함으로써 우울감
　　　을 감소시키고 심리적 안정을 도모한다.
준비물 : 여러 종류의 다육식물, 미니 키, 넬솔, 이쑤시개, 물, 숟가락

도입 : 치매 예방 및 뇌 건강 운동과 숫자세기 운동으로 분위기를 이끈다.
　　　키를 보면 생각나는 것, 실제 사용경험을 이야기한다.
전개 :
1. 다육식물과 키를 나눠준다.
2. 다육식물의 잔뿌리를 잘라서 정리한다.(다육이의 특징 및 물 관리 설명)
3. 다육아트에 사용되는 전용 토양(넬솔)과 물을 2:1의 비율로 혼합한 뒤 점성이

생길 때까지 숟가락으로 저어준다.

4. 키에 반죽된 넬솔을 손으로 뭉쳐서 넣어 준다.

5. 다육식물을 꼼꼼하게 심은 후 틈새가 생기지 않도록 숟가락으로 다져 준다.

6. 각자 다육 정원의 이름을 지어본 후 마무리한다.

기대효과 :

1. 자연현상의 관찰과 주위 환경의 이해로 인지력 저하를 예방할 수 있다.

2. 시선과 손의 협응능력 증가를 통한 활동을 통해 서로를 배려하며 사회성 증진에 도움을 준다.

3. 식물에 적합한 물주기에 대하여 알 수 있고 특히 다육식물의 물 관리에 대하여 알게 되므로 식물을 사랑하는 마음을 가질 수 있다.

정리 : 다육식물은 뿌리를 자른 후 하루 정도 서늘한 그늘에 말려 사용하면 좋다. 어르신들이 키를 사용했던 경험을 공유하며 과거를 회상하고 기억력회복에 도움을 줄 수 있다. 치매 예방 프로그램에 옛 물건을 사용하여 넬솔을 이용한 다육아트 프로그램을 활용할 수 있다. 넬솔을 뭉치는 과정에서 느낄 수 있는 손의 감각을 회복할 수 있다. 다육이 잎이 조금 쭈글거릴 때 넬솔에 스프레이하여 물을 뿌려주되 너무 많이 주지 않도록 하며 다육이는 거의 3주에 한 번 정도 물을 저면 관수 해 줘야 한다.

• 저면 관수란 분 재배나 온실재배에서 모세관수에 의하여 밑에서부터 물을 흡수하게 하는 일을 말하며 물을 자주 주면 토양이 단단해져서 식물의 생장을 저해하므로 이를 막기 위하여 행한다.

다육식물 심기 Ⅰ – 고무신 이용

대상자 : 노인, 복지관 어르신
준비물 : 고무신, 다육식물, 아크릴물감, 붓(면봉), 마사토, 다육식물용 용토, 색돌,
　　　　　수저 등
목표 : 옛날 고무신에 다육식물을 심어 작은 정원을 만듦으로 자기 표현력 및 과
　　　거를 회상하여 인지력을 좋게 한다.
도입 : 검정 고무신에 대한 추억을 이야기하고 어떤 그림을 그릴까 상상해보며
　　　　고무신 정원을 어떻게 장식할까에 대하여 서로 이야기한다.
전개 :
1. 다육식물에 대하여 설명한다.(다육식물의 관리 및 좋은 점 등)
2. 아크릴물감을 이용하여 고무신을 장식한다. 붓이 없을 시에는 면봉을 사용하
　 면 편리하게 그림을 그릴 수 있음을 시연한다.
3. 그림이 마르면 바닥에 마사토를 조금 깔아준다.
4. 다육식물을 화분에서 꺼내 수저를 이용하여 조심스럽게 심어준다.
5. 색 돌을 아름답게 배치하여 마무리한다.
기대효과 :
1. 고무신에 대한 기억으로 인지력, 기억력, 지남력 등을 향상시킬 수 있다.
2. 다육식물을 이용 소정원을 꾸밀 상상을 유도해 뇌 기능 활성화가 가능하다.
3. 그림을 그리는 동안 손 움직임과 인지기능을 좋게 할 수 있다.
4. 고무신에 다육 정원을 꾸며봄으로 자기 표현력, 자신감, 성취감 느낄 수 있다.
정리 :
검정 고무신을 통해 과거 기억을 회상하고 과거 경험을 공유, 나눔으로 위안과
회복이 되어 짐을 안다.
다육이의 양육과 돌봄의 특성을 배워 자신의 작품에 올바른 관리를 할 수 있고
관심과 애착심을 갖게 함으로 의욕적인 삶을 유도할 수 있게 한다.

다육식물 심기 II – 고무신 이용

대상자 : 초, 중등 학생, 일반인

준비물 : 고무신, 다육식물, 악세사리, 스티커, 마사토, 다육식물용 용토,
색돌 및 흰 돌, 수저 등

목표 : 어린 시절 추억 속의 작고 귀여운 고무신에 다육식물을 심어 작은 정원을
만듦으로 성취감 및 집중력을 좋게 한다.

도입 : 추억의 고무신에 대한 이야기와 다육식물을 길러본 경험과 다육식물의 장
점에 대하여 이야기한다.

전개 :

1. 다육식물과 선인장에 대하여 비교 설명한다. (다육식물의 관리 및 좋은 점 등)
2. 고무신에 스티커나 유성 사인펜으로 아름답게 장식한다.
3. 바닥에 마사토를 조금 깔아준다.
4. 다육식물을 화분에서 꺼내 수저를 이용하여 조심스럽게 심어준다.
5. 작은 돌을 이용하여 다육식물을 잘 고정되게 한다.
6. 색 돌을 아름답게 배치하여 마무리한다.

기대효과 :

1. 고무신에 대한 기억으로 인지력, 기억력, 지남력 등을 향상시킬 수 있다.
2. 다육식물을 이용 소정원을 꾸밀 상상을 유도해 뇌 기능 활성화가 가능하다.
3. 그림을 그리는 동안 손 움직임과 인지기능을 좋게 할 수 있다.
4. 고무신에 다육 정원을 꾸며봄으로 자기 표현력, 자신감, 성취감 느낄 수 있다.

정리 :

여러 색깔의 고무신을 통해 과거를 추억하며 다육이 정원을 만들고 다육식물의
양육과 돌봄의 특성을 배워 자신의 작품에 올바른 관리를 할 수 있다. 작품에 대
한 관심과 애착심을 갖게 함으로 의욕적인 삶을 유도할 수 있게 한다.

다육식물 심기 - 도자기 컵을 이용

대상자 : 중, 고등학생, 성인, 노인

준비물 : 다육식물, 도자기 컵(집에서 사용 안 하는 그릇), 마사토(소립, 중립),
　　　　다육식물 용 토양, 꾸밈 재료

목표 : 다육식물의 특성 및 공기정화 기능을 이해한다.
　　　 도자기 컵(그릇)을 활용하여 다육식물을 심음으로 집중력, 성취감을 높인다.

도입 : 다육식물의 기능에 대한 설명 및 키워본 경험 나눈다.
　　　 준비한 그릇에 대하여 서로 이야기하기(분위기 및 친근감 유도)

전개 :

1. 준비한 다육이의 이름을 익히고 서로 다른 모양을 관찰하게 한다.
2. 다육식물의 광합성 양식과 특성에 대하여 설명한다.
3. 그릇에 중립 마사토를 깔아 배수층 만들고 분갈이 흙을 조금 넣어 준다.
4. 다육식물을 포트에서 꺼내 안정되게 심고 분갈이 흙으로 꼼꼼히 심어준다.
5. 소립 마사토를 위에 깔아 마무리한다.
6. 꾸밈 팻말에 품종명을 써주고 잘 자라도록 다육식물에게 사랑을 표현한다.

기대효과 :

1. 다육식물의 공기정화 기능 및 전자파 차단 효과를 이해한다.
2. 도자기나 쓰지 않는 그릇을 재활용함으로써 자연 친화적인 그린인테리어로
   실내장식 효과가 뛰어남을 알 수 있다.
3. 식물을 정성 들여 심는 과정을 통해 집중력을 높일 수 있다.

정리 :

　다육식물과 선인장을 구별하는 법을 설명하며 다육식물에 적합한 물주기에 대하여 설명한다.(다육식물은 표피에서 가시가 생기나 선인장은 가시자리가 있음)

다육식물을 이용한 액자 만들기

대상 : 초, 중 고등학생, 주부

준비물 : 다육식물 2종, 일회용 미니 용기, 마사토, 아크릴물감(또는 색 모래),
붓, 양면테이프, 가족사진, 코팅지

목표 : 본인이나 사랑하는 가족의 사진으로 다육이와 같이 액자를 만들어 늘 감
사함을 느낄 수 있으며 코팅 등 작업하는 동안 집중력 높일 수 있다.

도입 : 다육이 길러본 경험 이야기하며 다육식물의 생육 특성, 가져온 사진 설
명한다.

전개 :
1. 다육이와 선인장의 특성을 간단히 비교 설명한다.(밤에 이산화탄소 흡수 등)
2. 일회용 용기에 아크릴물감(혹은 색 모래)을 예쁘게 칠한다.
   (물감을 칠하는 대신 색 모래로 장식할 수 있다)
3. 아크릴물감이 마르는 동안 코팅지를 이용하여 사진을 코팅한다.
4. 테이프를 이용하여 뚜껑을 바로 세운다.(액자 모양이 되도록)
5. 용기의 뚜껑에 양면테이프를 이용하여 코팅한 사진을 붙인다.
6. 사진을 코팅한 용기에 다육이를 심는다.
7. 마사토와 색 돌을 이용하여 다육식물이 잘 고정되도록 마무리한다.

기대효과 :
1. 일반식물과 다육이의 다른 점 알 수 있고, 가족의 사랑을 느낄 수 있다.
2. 다육이의 공기정화 기능을 알 수 있다.(방에 다육식물을 두면 좋은 점 등)
3. 코팅 등 섬세한 작업을 통하여 집중력을 높일 수 있다.
4. 비닐 용기의 재활용으로 환경의 보존에 대한 생각을 갖게 한다
5. 식물에 적합한 물주기에 대하여 알 수 있고 특히 다육이의 물 관리를 할 수

있고, 다육식물과 선인장을 비교할 수 있다.(가시 자리의 유무)
정리 :
 주변을 정리하고 다육이의 관리(물주기 등)에 대하여 설명한다.
 만든 액자 속의 주인공에 대하여 이야기한다.
(액자사진은 초상권으로 인형, 풍경 사진으로 만든 것만 게재했음)

다육식물을 이용한 미니정원 만들기

대상자 :학생, 청소년, 노인 등 일반인
목표 : 자신만의 정원을 창의적으로 제작함으로 정서 순화 및 소 근육을
      향상시킨다.
준비물 : 다육식물, 용기, 마사토, 다육식물용 용토, 색 모래, 색돌 등
도입 : 간단한 자기소개 및 인사로 분위기를 새롭게 하며 다육식물의 키워본
      경험과 다육식물의 생육환경을 얘기해 본다.

전개 :
1. 다육식물을 나눠주고 그 특징을 살핀다.
  (다육이와 선인장의 가시 설명)
 2. 용기 바닥에 마사토 깔아 배수층 만든다.
 3. 유리 용기에는 색 모래로 무늬를 만들어 준다.
 4. 다육식물을 아름답게 배치한다.

5. 화분 뒷면을 두드려 식물을 빼서 뿌리를 정리하여 심거나 그대로 심는다.
6. 여백에 다육식물용 용토를 채워가며 식물을 심는다.
7. 마사토를 이용해 표면의 흙을 덮어준다.
8. 옥돌과 색 돌을 여백 부분에 아름답게 장식한다.
9. 나만의 다육식물정원의 이름을 지어 본다.

기대효과 :
1. 다육식물의 생육 특성을 이해하고 다육식물만으로 사막의 모습을 연출할 수 있다.
2. 다육식물의 여러 가지 모습을 관찰하며 각기 다른 특색이 있음을 안다.
3. 손의 미세 근육 운동과 집중력이 향상된다.
4. 완성된 나만의 작품으로 성취감을 갖게 된다.
5. 아름답게 완성된 다육식물정원으로 정서 순화에 도움이 된다.
6. 다육식물의 생장 환경을 이해할 수 있다,

정리 :
  다육식물과 선인장을 구별하는 방법은 다육식물은 표피에 가시가 생기는 반면에 선인장은 가시가 여러 개 모여 있는 가시 자리가 있으며 가시 자리에서 새로운 개체가 생기거나 꽃이 핀다.
다육식물의 물 관리는 봄에는 관수량 줄이고 겨울에는 햇볕이 많이 드는 장소에 두며, 늦여름 이후에는 관수량을 줄여 거의 건조한 상태로 둔다.
다육식물의 영양번식(삽목)은 절단면을 말린 후 삽목하면 쉽게 뿌리가 내린다.
다육식물과 선인장은 CAM 식물로 야간에 기공을 열어 이산화탄소를 흡수하여 주간에 기공을 닫은 채로 광합성을 하므로 일반 관엽식물과 함께 실내에 두었을 때 주, 야간의 이산화탄소가 조절되어 실내공기를 신선하게 유지할 수 있다.

드라이플라워로 천연 캔들 만들기

대상자 : 중등 학생, 주부, 일반인 등
목표 : 비누의 천연재료에 대하여 알고 내 손으로 만드는 즐거움을 느낀다.
준비물 : 소이 왁스, 에센셜오일(시트로넬라, 라벤더), 유리 컨테이너, 에코 심지,
　　　　심지 텝, 드라이플라워, 핫플레이트, 계량컵, 시약 스푼, 온도계, 핀셋,
　　　　장식용 스티커 등
도입 : 천연재료(왁스, 에센셜 오일)에 대하여 설명한다.

아로마테라피의 경험에 대하여 이야기 하고 도구 사용의 주의할 점을 설명한다.

전개 :

1. 계량컵에 소이 왁스를 계량한다.
2. 계량한 왁스를 약 불로 서서히 가열한다.
3. 심지 탭 스티커를 이용하여 유리 용기의 바닥에 단단히 고정시킨다.
4. 심지 고정대를 용기의 중심에 잘 맞춘 후 심지를 끼워 고정한다.
5. 완성 캔들을 장식할 드라이플라워를 손질한다.
6. 왁스가 2/3정도 녹으면 핫플레이트에서 내려 남은 열로 스푼을 이용하여 완전히 녹인다.
7. 왁스 온도가 55℃가 되면 에센셜 오일(EO)을 넣고 잘 저어준다.
8. 준비된 용기에 붓고 표면이 불투명할 때 적당한 위치에 드라이플라워를 꽂아 장식한다.
9. 캔들이 완전히 굳으면 심지를 표면에서 5mm 남기고 잘라준다.
10. 용기 옆면을 스티커로 장식하여 완성한다.

기대효과 :

1. 아로마테라피의 효능을 안다.
2. 계량하면서 고도의 집중력의 향상을 기할 수 있다.
3. 심지를 끼우고 붙이는 과정에서 눈과 손의 협응력 및 소근육의 발달에 도움을 준다.
4. 아름답게 완성된 캔들에 정서 순화 및 성취감을 가질 수 있다.

정리 : 사용된 에센셜 오일의 향을 맡아보고 다양한 아로마테라피에 대해 관심을 갖게 한다. 소이 캔들의 사용법과 주의사항에 대하여 알아본다.

- 라벤더 : 항우울, 진정, 세포 생육 촉진, 화상치료 등
- 시트로넬라 : 방부, 살균, 해열, 살충.

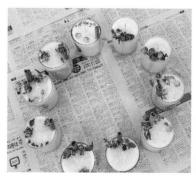 

디시가든(Dish garden : 접시정원)이란?[11]

1. 디시가든의 정의

다양한 모양의 접시류와 찻잔. 컵, 칵테일 잔 등 각종 생활 용기에 흙을 채우고 식물을 심으며, 특히 넓적한 접시 모양의 화분에 여러 가지 식물을 심어 축소된 경관의 정원을 만들어 감상하는 것을 말한다. 디시가든 용 식물은 열대산 내음성 식물이 적당하며, 뿌리가 짧으면서 많이 나와 있는 천근성 식물이 좋다. 디시가든과 분재의 개념이 혼합되어 분경으로 발전되기도 하였다.
(분경 : 盆景)이란 수반이나 납작한 돌판 등과 같은 넓은 용기에 흙과 돌 그리고 식물을 이용하여 자연의 아름다운 경관을 축소, 재현하는 미니정원).

2. 식물 선택의 주의점

디시가든 용 식물은 테라라움 용 식물의 종류와 비슷하지만 테라리움용 식물보다 식물 재료의 선택 폭이 넓다. 디시가든에는 배수 구멍이 없으므로 관수에 유의하여야 하며 염류 축적의 염려가 있기 때문에 2~3년에 한 번씩 상토를 갈아주는 것을 원칙으로 한다. 때때로 증류수나 빗물을 주는 것도 좋다. 특히 컵이나 찻잔, 칵테일 잔 등 용기가 작은 그릇에 식재하는 식물은 뿌리의 발달이 왕성하지 않은 것이 좋다. 특히 주의할 것은 같은 생육 습성을 가진 것끼리 배합하여 심어야 실패할 확률이 적다. 내음성이 있는 관엽식물과 선인장 및 다육식물, 자생식물 등을 이용해서도 제작이 가능하다.

3. 용토

디시가든용 토양은 실내에서 관리해야 하므로 악취가 없고 깨끗하게 소독된 인공토양이 적합하다. 일반적으로 테라리움에서 사용하는 용토를 그대로 사용하는 경우가 있지만 테라리움용 토양보다는 질감이나 색깔에 크게 신경을 쓰지 않아도 된다. 다공성이고 배수가 잘되며 가벼운 느낌의 펄라이트(perlite)와 질석(vermiculite), 피트모스(peat moss)를 혼합한 인공토양을 사용하는 것이 적당하지만 시판되는 혼합배양토를 사서 쓰면 편리하다.

4. 식재

한 용기 안에 여러 가지 식물을 식재하므로 광선, 온도 그리고 수분에 대한 생육조건이 비슷한 종류끼리 심어야 실패할 확률이 낮다. 특히 커피잔이나 찻잔 등 작은 용기에는 여러 가지 종류를 혼합하여 식재하는 것보다 한 가지 종류를 심는 것이 알맞고, 식물은 사방으로 고르게 잘 자라는 것이 좋다. 칵테일 잔에는 키가 작은 식물을 심거나 덩굴성식물을 식재하여 안정감을 느낄 수 있도록 한다.

식물을 심을 때는 바닥에 굵은 모래나 마사토를 깔아 배수층 만들고, 그 위에 배양토를 채우면서 식물의 뿌리를 고르게 펴서 심는다. 식재가 끝난 다음에는 분무기로 물을 준 다음 음지에서 수일 동안 순화시킨다.

5. 유지관리

광선 : 식물의 특성에 따라 음지, 반음지, 또는 창가의 양지쪽에 두고 관리하도록 하며, 열대 및 아열대 지방 원산의 관엽식물은 반음지 쪽에서 관리하고, 선인장류 등은 양지쪽에서 관리하도록 한다.

온도 : 겨울철에는 난방으로 인하여 실내가 건조한 상태로 되기 쉬우며 대부분의 관엽식물을 열대, 아열대 원산이기 때문에 건조하지 않도록 수시로 물을 분무해 주면 좋다. 특히 사용하고 있는 난방 기구에 가까이 두게 되면 고온의 피해를 입게 될 우려가 있기 때문에 주의를 요한다. 고온 조건은 식물을 웃자라게 하므로 20~23℃의 온도를 유지하는 것이 바람직하며, 여름철에 에어컨이나 선풍기의 바람이 직접 닿지 않는 곳에 두도록 한다.

수분 : 디시가든은 테라리움에 비하여 노출된 식재 면적이 넓어서 물을 자주 주어야 하지만 일반화분재배의 경우와 달리 배수구가 없기 때문에 과도한 수분 공급으로 인하여 뿌리가 상하지 않도록 주의해야 한다. 간혹 수분이 과다하게 공급 되었을 경우에는 용기 내의 흙이 흘러내리지 않을 정도로 용기를 조심스럽게 기울여서 물이 빠지도록 유도하거나 흡습지를 이용하여 용기 밖으로 물이 스며내려오도록 한다.

때때로 식재한 식물 중 일부가 죽었을 경우에는 그 식물만 빼내고 다른 식물을 보식해주는 것도 다양한 원예활동의 경험이 될 수 있다.

디시가든(접시정원) 만들기 - 관엽식물 이용

대상 : 학생, 주부, 노인, 장애인 등
준비물 : 디시가든 용 용기(옹기뚜껑, 화분 받침 등), 관엽식물, 마사토, 자연
　　　　이끼 혹은 착색 이끼, 색돌, 숯, 울타리 등 소품
목표 : 관엽식물을 이용하여 접시정원을 만드는 과정에 정서 순화 및 소근육 발
　　　 달을 향상시키며 식물에 대한 관심을 유도한다.

도입 : 자신이 알고 있는 관엽식물의 이름을 다섯 가지정도 나열해 본다.
　　　 식물을 길러본 경험에 대해 이야기하며 왜 식물이 죽었을까 생각해본다.
　　　 식물의 기능을 통해 집안 꾸미기의 방법에 대하여 이야기 한다.
전개 :

 1. 식물을 나눠주고 이름을 익힌다.
 2. 용기 바닥에 마사토를 깔아 배수층 만들고 배양토를 약간만 넣는다.
 3. 관엽식물 3-4 종류를 이용하여 어린 시절의 동산을 떠올려 아름답게
　　배치한다.
 4. 식물을 화분에서 꺼내서 배양토를 넣어가며 식물을 배치해 본대로 심는다.
 5. 이끼를 얇게 펴 화분 흙 위에 장식한다.(or 마사토로 표면을 덮는다)
 6. 울타리와 색돌 등을 이용하여 아름답게 장식한다.
 7. 나만의 디시가든(접시정원)의 이름을 지어 본다.
 8. 이름을 지은 이유를 이야기하며 서로 칭찬하는 시간을 갖는다.
기대효과 :
 1. 식물의 기능을 통한 실내장식의 의미를 안다.
 2. 식물의 여러 가지 모습을 관찰하며 각기 다른 특색이 있음을 안다.
 3. 손의 미세 근육 운동을 통하여 관절 가동범위가 향상된다.
 4. 자신만의 완성된 작품으로 성취감을 갖게 된다.

정리 :
 식물의 관리요령을 숙지한다.
 (식물의 특성에 따른 물주기와 식재 요령 설명)
주변을 정리하고 물주기 등 직접 관리하는 법을 설명한다. 접시정원은 배수 구
멍이 없으므로 과다한 물주기는 식물의 생육에 치명적이다. 접시정원에 심어진
식물은 테라리움보다 공기에 노출된 부분이 많으므로 수분의 증발이 많아서 테
라리움보다는 자주 물을 줘야 하지만 배수가 잘 안되므로 물을 과다하게 주어서

는 안 되며 실내 관엽식물의 경우 자주 스프레이 해 주는 것도 한 방법이다.
식물은 사랑으로 정성 들여 관리했을 때 아름다움을 보여줌을 안다.
한 용기에 여러 식물을 심어 정원을 만들 때는 생육 습성이 비슷한 것끼리 모아
심는 것 주의하며, 돌이나 숯 등을 이용하면 자연의 느낌을 더 할 수 있다.
● 자금우(천냥금[f])는 푸른 상록성 관목으로 키가 작고 잎과 열매의 모양이 좋아
서 실내 분화용으로 많이 쓰인다. 낮은 광도에서도 잘 견뎌서 실내정원을 만들
때 포인트로 사용하면 좋다. 9월에 익은 붉은 열매가 이듬해 4월까지 아름답다.

리스 만들기(드라이플라워를 이용한 리스)

대상자 : 초, 중등 학생, 주부, 노인 등
목표 : 드라이플라워를 이용하여 리스를 만들어 공간에 장식함으로 정서 순화
및 분위기를 조성하고 자신감을 키운다.
준비물 : 스타치스, 리스 틀, 철사, 가위, 리본, 마 끈
도입 : 스타치스에 대하여 알아보고 드라이플라워가 가능한 다른 종류의 꽃을 알
아보며 생활에서 활용한 경험을 이야기한다.

전개 :
1. 스타치스의 촉감을 느껴본다.
2. 스타치스 줄기를 정리하여 적당한 길이(10cm 내외)로 잘라 놓는다.
3. 철사도 10cm 정도로 자른다.
4. 스타치스를 자그맣게 묶어준 후, 리스 틀에 엮어가며 시작점까지 묶어나간다.
5. 마지막 지점에 리본을 만들어 완성한다.
6. 마 끈 등으로 고리를 만들어 벽에 장식한다.

기대효과 :
1. 드라이플라워를 이용하여 실내장식의 의미를 알 수 있다.
2. 손의 감각을 향상시키고 집중력을 키울 수 있다.
3. 완성작품을 통한 성취감 및 정서 순화에 도움이 된다.
4. 드라이플라워를 이용한 여러 작품에 대해 알아보고 다양한 장식으로 활용해
볼 수 있다.

정리 :
드라이플라워(Dry flower)[11]는 꽃, 잎, 줄기 등을 건조해 관상용으로 만든 것을
말한다. 탐스럽지만 금세 시들어버리는 생화와 달리 아름다움을 오래도록 감상할
수 있으며 마른 후 꽃잎 등의 빈티지한 색감이 은은하고 멋스럽다. 드라이플라워
를 만들 때는 드라이가 가능한 꽃(규소 성분이 있는 꽃)을 이용하여 직사광선이
들지 않는 서늘한 곳(통풍이 잘되는 곳)에 거꾸로 매달아 준다. 빨간색이나 흰색
종류는 말리면 검게 변하기 때문에 원래의 색을 잘 유지하는 분홍색이나 노란색,
보라색 계통의 꽃이 적합하다. 장미, 천일홍, 수국, 라벤더, 안개꽃, 스타치스, 천
일홍, 골든볼, 에키놉스, 유칼립투스, 브루니아 등이 드라이플라워로 만들기 좋은
꽃이다

● 스타치스[8]는 다년생 초본류로 여름부터 가을까지 꽃이 피며 분홍, 보라, 노랑,
흰색 등 다양하다. 건조했을 때 화색이 변색되지 않기 때문에 아름다운 작품을
만들 수 있는 드라이플라워로 많이 쓰인다.

리스 만들기(프리저브드 플라워를 이용)

대상 : 유치원생, 초, 중등 학생 및 각 기관의 단체수업
목표 : 리스의 의미를 이해하고 다양한 색채로 시각, 촉각을 자극하여 정서순화
　　　　와 소근육의 발달을 향상시킨다.
준비물 : 리스 틀, 프리저브드 플라워(안개, 유칼립투스, 천일홍, 장미 등),
　　　　　플로랄 폼, 마 끈, 철사. 리본
도입 : 리스의 유래 및 제작법 설명한다.
　　　　　제작 시 주의사항을 설명한다.
　　　　（리스에 담긴 축하의미를 이해하고 제작함으로써 작업 만족도를 상승시킨다）

전개 :
1. 준비한 재료를 나눠준다.
2. 재료의 특성 및 다루는 방법을 설명한다.
3. 철사를 이용하여 리스 틀에 플로랄 폼을 고정시킨다.
4. 유칼립투스를 이용하여 폼을 가려준다.
5. 안개를 이용하여 리스 틀을 따라 선을 내어 채워준다.
6. 천일홍을 포인트로 꽂아 준다.
7. 리본을 이용하여 공간에 꾸며준다.
8. 마 끈으로 균형을 잡아 고리를 만든다.

기대효과 :
 1. 소재의 다양성을 이해하고 그 사용법을 능숙하게 한다.
 2. 완성된 작품의 아름다움을 감상하며 감정을 언어로 표현할 수 있다.
 3. 작품을 완성하는 과정에서 소근육의 향상을 기대할 수 있디.
 4. 완성된 작품으로 성취감 및 자존감을 회복한다.

정리 :

프리저브드 플라워(Preserved flower)를 이용한 원예활동을 통해 인테리어에 효과적인 간단한 소품 제작이 가능함을 이해한다.

주변 환경을 정리하고 작품의 용도에 대해 이야기하며 나만의 완성된 작품을 통해 자신감을 갖고 다양한 방법으로 활용할 수 있게 한다.

- Wreath(리스)란 화환, 화관이라는 의미로 처음과 끝이 이어졌다 해서 영원한 사랑을 의미하며, 악귀를 쫓아내고 복을 가져다 준다 하여 현관문이나 문에 걸어 놓기도 한다. 크리스마스 리스 장식으로 유명하며 꽃으로 꾸민 고리 모양의 장식품으로 표창·경조의 뜻으로 증정하기도 한다.
- 프리저브드 플라워(Preserved flower)[b]란 생화가 가장 아름다울 때 특수용액으로 약품처리를 하여 생화 모습 그대로 오랫동안 유지될 수 있도록 만든 꽃으로. 드라이플라워처럼 부서지지 않고 생화처럼 시들지 않는 꽃이다.

마크라메를 이용한 행잉 플랜트 장식 만들기 - 실내를 장식해 봐요

대상자 : 일반 성인(가정주부)
목표 : 주부들의 여가 시간을 마크라메를 이용하여 식물과 더불어 실내에 힐링
　　　공간을 마련하므로 우울증 해소에 도움이 된다.
준비물 : 마크라메 실: 90합 250cm 6줄, 50cm 2줄, 고리, 스킨답서스, 화분 등

도입 : 마크라메에 대한 설명을 하고 마크라메를 통한 실내장식에 대한 방법을
　　　알아보는 시간을 갖는다.

전개 :
1. 마크라메에 필요한 재료 및 식물을 배분한다.
2. 실내의 어느 곳에 장식할지 미리 생각해본다.
3. 고리에 마크라메 실을 걸어서 매듭을 편리하게 할 수 있게 한다.
4. 스파이럴 매듭을 20개 엮어 준다.
5. 스파이럴 매듭 3줄 완성 교차 후 옆 2줄과 원하는 위치부터 평 매듭을 한다.
6. 식물을 넣고 길이 조절한 후 랩핑 매듭으로 마무리한다.
7. 남은 실은 원하는 길이만큼 남기고 정리한다.
8. 식물을 매듭 행잉에 넣고 마무리하여 장식한다.

● 행잉에 사용되는 식물은 늘어지는 성질을 가진 것이 좋다.

기대효과 :

1. 마크라메를 통한 실내장식에 관심을 갖게 된다.
2. 손의 미세 근육 운동을 통해서 관절 가동범위가 향상된다.
3. 매듭을 하는 동안 집중력 및 정서 순화에 도움을 준다.
4. 작품을 완성 후 자신감과 성취감을 고취 시킨다.

정리 : 마크라메란 서양 매듭으로 자칫 무료할 수 있는 주부들의 여가시간에 식물을 함께 장식함으로 나만의 힐링 시간으로 만들 수 있다. 주부들을 위한 원예치료 프로그램을 진행하고자 할 때 2인 1조로 팀을 만들어서 마크라메를 엮어나가는 동안 서로의 마음을 확인하고 친교의 시간으로 만들 수 있다.
• 스킨답서스[f] : 천남성과로 일산화탄소 제거량이 가장 우수하여 주방에 두는 것이 가장 좋다. 늘어지는 잎이 너무 매력적인 인테리어 식물로 어떤 광도나 무난하게 어두운 곳에서도 잘 자라며 수경재배도 잘 되는 식물이다

말채를 이용한 화병 장식 - 꽃병이 없어도 괜찮아요

대상자 : 초, 중 고등학생, 노인, 일반인
목표 : 말채나무와 아름다운 꽃을 이용하여 페트병을 장식하여 재활용의 의미를 알며 정서 순화 및 창의력을 기른다.
준비물 : PET병, 말채나무, 꽃(목수국, 소국 등 기타), 고무줄, 리본, 가위 등

도입 : PET병의 재활용법에 대한 여러 방법에 대하여 이야기하며 버려지는 PET병 등도 재활용하여 아름답게 장식할 수 있음을 이야기한다.

91

전개 :

1. PET병을 꽃을 꽂기에 적당한 크기로 자른다.

2. 꽃 소재에 대해서 설명한다.

3. 말채나무는 장식할 PET병의 높이보다 조금 길게 자른다.

4. 자른 말채나무 조각을 고무줄을 이용하여 PET병을 감싸준다.

5. 말채나무로 장식한 PET병에 물을 붓고 꽃을 꽂아 장식한다.

6. 리본을 이용하여 말채나무 화병을 묶어 장식한다.

7. 만들어진 화병의 용도에 대하여 서로 이야기한다.(어디에? 누구에게? 등)

• 꽃의 양에 따라 패트 병의 사이즈를 선택한다

기대효과 :

1. 별도의 화기가 없어도 재활용품을 이용하여 손쉽게 원하는 모양으로 꽃을 꽂을 수 있음을 알 수 있다.

2. 꽃을 자르는 가위질을 통한 손의 미세 근육이 향상될 수 있다.

3. 집중력 및 정서 순화에 도움을 준다.

4. 아름다운 꽃과 말채나무(다른 꽃 가능)를 이용하여 PET병 등 재활용품을 장식할 수 있어 뿌듯함과 자존감을 가질 수 있다.

정리 :

 꽃병에는 가끔씩 신선한 물을 공급하고 남은 가지는 짧게 잘라 마무리한다.

• 목수국[b]은 범의귀과로 개화 시기는 7~10월 높이는 2m까지 자란다. 양지바른 곳이면 개화가 가능하며 봄부터 가을까지 삽목이 가능하다. 삽목은 장마가 끝난 후 꽃이 질 무렵 하는 것이 가장 좋다. 영하 20~30도에서도 월동을 할 만큼 추위에 강하다. 꽃말은 거만, 냉정, 무정

• 말채나무[8]는 낙엽성 관목으로 층층나무과이다 줄기는 붉은색과 연두색이 있으며 꺾어지지 않고 잘 휘어지는 성질로 꽃꽂이 소재로 많이 쓰인다.

모듬 화분 만들기 - 관엽식물 이용

대상자 : 학생, 양로원 노인, 장애인 등
목표 : 여러 종류의 관엽식물을 이용하여 모듬 화분을 만듦으로 성취감 및
　　　　정서 순화에 도움을 준다. (소 근육 발달)
준비물 : 용기(화분), 관엽식물(홍콩야자, 스킨답서스, 나비란 등 기타), 마사토,
　　　　배양토, 색돌, 착색 이끼 등
도입 : 관엽식물의 생육환경에 대하여 설명하고 식물을 길러본 경험에 대해
　　　　이야기한다.

전개 :
 1. 식물을 나눠주고 이름을 익힌다.
 2. 용기 구멍을 망으로 덮어주고 마사토를 조금 깔아주고 배양토를 약간 넣는다.
 3. 관엽식물 3종류를 높낮이 고려하여 아름답게 배치한다.(식물 배치 구상).
 4. 식물을 화분에서 꺼내서 배양토를 넣어가며 식물을 구상한 대로 심는다.
　　(숟가락으로 토양을 잘 다져주기)
 5. 착색 이끼를 물에 적신 후 얇게 펴 화분 흙 위에 장식한다.(or 마사토로
　　표면을 덮는다)
 6. 색 돌과 마사토를 이용하여 아름답게 장식한다.
 7. 나만의 모듬 화분의 이름을 지어보고 어디에 둘지 생각해 본다.
 8. 서로의 작품을 감상하며 칭찬하는 시간을 갖는다.

기대효과 :
1. 식물의 기능을 통한 실내장식의 의미와 식물의 기능 및 생육환경 알 수 있다.
 2. 식물의 여러 가지 모습을 관찰하며 각기 다른 특색이 있음을 안다.
 3. 손의 미세 근육 운동을 통하여 관절 가동범위가 향상된다.
 4. 완성된 작품으로 성취감을 갖게 된다.

정리 :
 주변을 정리하고 식물의 물주기 등 관리요령을 숙지한다.
 식물은 사랑으로 정성 들여 관리했을 때 아름다움을 보여줌을 안다.
● 홍콩야자 : 두릅나무과 쉐프렐라속 으로 실내 공기정화 능력이 매우 우수하고,
담배 연기도 잘 흡수하는 식물로 알려져 있다. 생육온도 20~25℃(최저 5℃ 이상)
추위에는 약하며 꽃말은 행운, 행복.
 ● 고무나무[) : 뽕나무과로 원산지는 서아프리카. 포름알데히드 제거 능력이 상
당하며, 크고 실내의 넓은 공간에 잘 어울리기 때문에 거실에 두면 좋다. 실내정
원에는 상층목으로 사용하며 관리는 비교적 쉽다. 최저 13℃ 이상에서 생육.

목재 화분 거치대 만들기(냅킨아트 장식) - 업사이클링(upcycling)

대상자 : 중, 고등학생
목표 : 업사이클링으로 재탄생 될 수 있는 소품을 만들어 봄으로 탄소중립 실천
    에 도움이 된다.
준비물 : (폐)목재, 나비란, 캔 꼭지, 테이크아웃 컵, 냅킨, 바니시, 붓,
도입 : 업사이클링이란 무엇이며 그 필요성에 대해 이야기한다.

전개 :
1. 목재, 식물 등의 재료를 분배하며 원하는 냅킨의 그림을 고르게 한다.
2. 목재를 샌딩하고 조립한 후 페인트를 칠하고 건조 시킨다.
3. 바니시를 칠하고 냅킨을 붙인다.
4. 캔 꼭지(액자 고리)를 거치대에 박아 준다.(드라이버 이용)
5. 나비란은 포트에서 빼서 뿌리를 깨끗이 씻고 테이크아웃 컵에 넣는다.
   (수경 재배 용)
6. 거치대에 나비란을 넣어 벽에 장식한다.

기대효과 :
1. 생활 속에서 재활용할 수 있는 소재에 관심을 가질 수 있다.
2. 냅킨아트의 섬세한 작업으로 집중력을 높일 수 있다.
3. 재활용을 통한 새로운 작품의 완성으로 성취감을 얻을 수 있다.

정리 :
 업사이클링[b]이란 재활용할 수 있는 소재에 디자인과 활용성을 더하여 가치를 높이는 일, 냅킨아트는 칼을 사용하는 것보다 손으로 뜯어가며 무늬를 붙이는 것이 자연스럽다. 냅킨아트 붙이는 요령은 우선 만들어진 거치대에 무늬를 붙일 부분에 붓으로 바니시를 칠하고 냅킨을 살짝 얹은 다음 다시 바니시로 코팅하면 된다.
• 나비란 : 공기정화 기능이 있는 식물로 열대 아프리카 원산이다. 직사광선은 피하고 밝은 그늘에서 잘 자라며 약간의 건조에도 잘 견디나 과습은 뿌리가 썩기 쉬우므로 주의해야 한다. 포복경이 있어서 번식이 잘 되는 편이다.
대부분 포유동물에는 독성이 없지만 고양이에게는 정신 활성 효과가 있으므로 주의를 요한다.
• 캔 꼭지를 재활용할 경우 캔에서 분리할 때 구멍이 상하지 않도록 떼야 한다.

매듭(마크라메)을 이용한 걸이 화분 만들기

대상자 : 청소년, 어른 누구나
목표 : 마크라메 실을 이용해 화분 걸이를 만들면서 집중력과 소근육 발달에 도
      움을 준다.
준비물 : 마크라메 실, 다육식물, 일회용 플라스틱 컵
도입 : 마크라메의 유래와 방법에 대해 이야기 한다.
      다육식물의 장점 및 관리법에 대해 알아본다.-
전개 :
1. 각자 원하는 다육식물을 고르게 한다.
2. 마크라메 실 8 가닥을 1 m 정도로 자른 후 반으로 접는다.
3. 반으로 접은 실 가운데 나머지 7가닥의 실을 걸어 엮는다.
4. 한 가닥의 오른쪽 실과 다른 가닥의 왼쪽 실을 엮는다.
5. 같은 방법으로 8가닥의 실을 묶어서 그물 만들기를 한다.
6. 식물이 들어갈 수 있는 공간을 확보한 후 8가닥을 한데 묶어 걸 수 있게 한
    다.
7. 플라스틱 컵에 다육식물을 넣고 만든 화분걸이에 넣는다.
기대효과 :
1. 집중력을 가지고 매듭을 만들어 화분걸이로 사용할 수 있다.
2. 늘어지는 식물이 아닐지라도 매듭을 이용하여 행잉으로 만들어 장식함을 알
    수 있다
3. 매듭을 만드는 과정을 통해 소근육 발달과 성취감을 느낄 수 있다.
정리 : 매듭은 고도의 집중력이 필요함을 알고 노력과 정성으로 만든 작품의 귀
중함을 느끼게 된다. 행잉용 식물은 늘어지는 성질의 것이 좋지만 때로는 다육식
물처럼 물 관리가 편한 식물도 이용하기도 한다. 일회용 컵에 다육 화분을 넣었
으므로 물이 샐 염려가 없어 관리가 편리하다.

매듭을 이용한 수경재배 걸이화분 만들기

대상자 : 학생, 일반취미인 등
목표 : 매듭을 이용하여 수경재배 화분을 만들어 집중력과 성취감을 높인다.
준비물 : 식물(무늬 스킨답서스), 투명 컵, 마 끈(150cm x 4, 0.5m), 가위 등

도입 : 수경재배가 가능한 식물을 알아보고, 매듭을 이용한 생활용품 만든 경험
  을 나눈다.
전개 :
1. 식물을 나눠주며 그 특성을 설명한다.
2. 포트에서 식물을 꺼내서 뿌리가 다치지 않도록 흙을 털어낸다.
3. 뿌리를 깨끗이 세척 한다. (수업 전 세척 해 두면 편리)
4. 마 끈을 150cm로 4가닥을 자른 후 다시 1/2로 접어 매듭 작업을 시작한다.
5. 0.5m의 마 끈으로 고리를 만든다.
6. 완성된 매듭 안에 투명 컵에 담긴 식물에 물을 넣어서 공간에 장식한다.
기대효과 :
1. 수경재배와 매듭을 이용하여 다양한 활용도를 알 수 있다.
2. 매듭을 만드는 과정에서 집중력과 성취감을 갖게 된다.
3. 손의 미세 근육 운동을 통하여 관절 가동범위가 향상된다.
4. 공기정화 기능 및 가습효과를 기대할 수 있다.
정리 :
 스킨답서스[1]는 열대 아시아 원산으로 21-25 ℃의 반양지에서 자라며 내한성은
약하다. 번식은 수경재배와 삽목으로 하며 유해 물질 제거 능력이 탁월하나 칼슘
옥살레이트라는 독성물질이 있으므로 어린이나 반려동물 키우는 집은 주의를 해
야 한다. 물 교환주기는 1주일에 1회 정도로 햇빛에 노출되어 녹조가 생겼을 경
우 식물의 뿌리와 용기를 깨끗이 씻어준다. 매듭의 기초를 습득하여 생활에 적용
한다.

미니 꽃다발 만들기 - 사랑을 표현해요

대상자 : 초, 중 고등학생 및 일반인
목표 : 꽃다발을 만들어 선물함으로 사랑을 표현할 수 있으며 소근육의 발달 및 창의력을 개발한다.
준비물 : 장미, 유칼립투스, 소국, 포장지, 리본, 원예용 철사 등
도입 : 화훼 장식의 기능을 설명하며 꽃다발을 받은 경험과 좋아하는 꽃에 대하여 이야기 하며 꽃다발을 받았을 때의 느낌을 이야기한다.

전개 :
1. 장미의 가시와 잎을 다듬는다.
2. 유칼립투스는 길게 준비하고 얼굴이 작은 꽃을 위로 가게 하여 장미와 소국을 삼각형이나 원형으로 조립한 후 원예용 철사로 다발을 묶어준다.
3. 줄기 아래(묶어줄 부분)를 깔끔하게 가위로 잘라준다.
4. 포장지 두 장을 서로 엇비슷하게 놓고 만들어 둔 다발 꽃을 놓고 주름잡아가며 묶어준다.
5. 리본을 만들어 와이어로 묶은 다음 만들어진 꽃다발 중앙 부분을 장식한다.
6. 만들어진 꽃다발을 누구에게 선물할지 서로 이야기한다.

기대효과 :
1. 집중력 향상을 기대할 수 있으며 성취감을 갖게 된다.
2. 재료를 조합하여 와이어로 묶는 과정에 손의 미세 근육을 향상시킨다.
3. 여러 가지 종류의 색을 조합하여 아름답게 만드는 방법을 통하여 미적 감각을 향상시킬 수 있다.

정리 : 화훼 장식의 기능[11] : 공간장식, 메시지 전달, 정서 함양, 교육효과, 치료효과 등 아름다운 꽃을 이용하여 함께 어울려 원예활동을 함으로 소외감이나 고립감을 느끼지 않고 공동체의 소속감을 느끼며 성취감을 높인다.

미니 꽃다발 만들기 - 프리저브드 & 드라이플라워를 이용

대상 : 어린이, 청소년, 어르신 등
준비물 : 원추 형태 장식물, 종이꽃, 테이프, 플로랄 폼, 프리저브드 수국,
　　　　　드라이플라워, 분재와이어, 리본 등
목표 : 꽃에 대한 추억을 기억하고 꽃을 통한 창의력 및 표현력을 향상시킨다.
　　　　드라이플라워와 프리저브드 플라워의 차이를 이해한다.
도입 : 꽃다발이나 꽃에 대한 추억을 이야기하며 드라이플라워가 가능한 꽃의
　　　　종류와 꽃을 건조하는 방법에 대해 이야기한다.
전개 :
　1. 원추형의 종이 프레임 안에 종이컵이나 플라스틱 컵을 넣는다.
　2. 프레임과 종이컵을 프레임 색에 맞추어 테이프로 연결한다.
　3. 종이컵 안에 플로랄 폼을 넣는다.
　4. 프리저브드 수국을 조금씩 분리하여 지철사로 묶어서 꽂아준다.
　5. 수국 사이에 여러 가지의 드라이플라워를 조화롭게 꽂는다.
　6. 리본으로 아름답게 장식한다.
　7. 생활공간에 걸어 둘 수 있도록 분재 와이어를 부착하여 마무리한다.
기대효과 :
　1. 다양한 색의 건조화와 프리저브드 꽃의 선택으로 자기 표현력을 다진다.
　2. 소근육의 발달에 도움을 줄 수 있다.
　3. 완성된 작품을 선물함으로 친화력 및 사회성발달에 도움을 줄 수 있고
　　자존감을 높일 수 있다.
정리 : 다양한 형태의 꽃다발이나 꽃 작품을 만들어 본다.
　　　　여름철 장마 기간(혹은 연중)에도 활용도가 있는 꽃 작품 구상하며, 원추형
　　　　프레임을 이용해 색다른 식물디자인을 창작할 수 있다.

미니 아쿠아포닉스 - 사이좋게 지내요

대상자 : 어린이, 노인
목표 : 미니 어항을 꾸미는 과정에 허브의 향을 맡으며 정서 순화 효과 및 노인
　　　의 지남력, 인지능력의 향상을 기할 수 있다.
준비물 : 식물(라벤더, 로즈마리, 백일홍), 투명용기, 물고기, 흑돌, 오색미니돌 등
도입 : 간단한 체조와 유희 활동으로 경직된 분위기를 풀어주며 물고기와 식물이
　　　한 용기 안에 함께 살 수 있음을 이야기한다.

전개 :
1. 서로 인사하는 시간을 갖는다.
2. 유리 용기에 재료의 촉감을 느끼며 작은 돌을 한 종류씩 넣는다.
3. 뚜껑의 구멍은 드릴로 미리 뚫어 놓아 노약자나 어린이들이 안전하게 꽃을 꽂
　을 수 있게 한다.
4. 유리 용기에 물을 넣고 물고기도 넣어 준다.
5. 뚜껑을 덮고 구멍에 꽃을 꽂기 위해 줄기와 잎을 다듬는다.
6. 긴 줄기(라벤더와 로즈마리)는 길게, 백일홍은 낮게 꽂아 조화를 이룬다.
7. 아름답게 꽂아가며 허브의 향기도 맡아 무슨 향인지 알게 한다.

기대효과 :
1. 꽃을 다듬고 향기를 맡으며 꽂는 과정을 통해 작품을 완성하는 과정에서 신체
　리듬을 활성화 시키며 소근육의 향상을 기대할 수 있다.
2. 물고기 먹이를 주며 식물의 색감과 향기로 인해 지남력을 유지하며 후각자극
　을 통해 인지능력이 향상될 수 있다.

정리 :
　비바리움[10]은 특정한 동식물이 살아갈 수 있는 환경조건을 작은 규모로 만든 것
으로 동식물의 유무, 동물 종류에 따라 종류가 나뉘며 일반적으로 테라리움 속에
소 동물을 함께 넣어 감상하는 원예 활동이다. 아쿠아포닉스(Aquaponics)[b]란 양
식을 의미하는 Aquaculture와 식물의 수경재배를 의미하는 Hydroponics의 합성어
이다. 물고기를 키우는 양식과 수경재배를 결합한 양식으로 식물에게 필요한 양
분을 물고기로부터 공급받는 것이 수경재배와 다르다. 큰 의미로 비바리움에 속
한다고 할 수 있다.
● 라벤더 : 꿀풀과 식물로 항우울, 진정, 세포 생육 촉진 효과가 있다. 불면증 특
히 스트레스에 효과적이며 그 오일은 화상치료에 효과적이다.

- 로즈마리 : 꿀풀과로 항균, 살균작용이 뛰어나며 보습 효과도 좋다. 특유의 향
  이 뇌 기능을 활성화시킨다.
- 지남력 : 시간과 장소, 상황이나 환경 등을 올바로 인식하는 능력

미니 시리즈 - 미니 나무 액자, 미니 센터피스, 미니 꽃다발 만들기

대상자 : 초, 중등 학생

목표 : 적은 꽃을 이용하여 나만의 작품을 만들며 집중력을 높이고 성취감을 고 취한다.

준비물 : 곱슬 버들(나뭇가지 대체가능), 꽃(미니장미, 후리지아, 시네신스, 오하이 오 블루), 마 끈, 물 대롱, 지철사, OPP필름, 가죽 끈, 미니 토분, 플로랄 폼.

도입 : 꽃의 서로 다른 모양과 쓰임새를 살펴보고 꽃의 향기를 직접 맡아보며 적 은 양으로 어떻게 장식품을 만들까 생각하게 한다.

전개 :

미니 액자 : 1. 곱슬 버들을 원하는 나무 액자 크기로 자른다.
　　　　　　2. 마 끈을 이용하여 곱슬 버들을 잘 엮이게 단단히 묶는다.
　　　　　　3. 원하는 위치에 물 대롱을 묶고 물을 채운다.
　　　　　　4. 후리지아를 넣어서 완성한다.

미니 센터피스 : 미니 화분에 플로랄 폼을 채운 후 장미와 오하이오 블루를 짧게 잘라 귀여운 모습으로 꽂아 원형으로 완성한다.(줄기는 대각선 자르기)

미니 꽃다발 : 시네신스 줄기를 정리하여 OPP필름을 이용하여 포장한 후 가죽 끈으로 예쁘게 묶어준다.

기대효과 :

1. 꽃 이름을 알고, 나무 엮는 작업을 통하여 소근육 발달을 기대할 수 있다.
2. 활동하는 동안에 집중력이 향상된다.
3. 서로의 작품을 비교, 칭찬하므로 소통과 공감의 시간을 갖는다.

정리 : 적은 양의 꽃으로 다양한 프로그램을 진행하므로 한사람이 모두 해 볼 수 도 있고, 아니면 각자 좋아하는 것을 선택하게 하며 동일한 시간에 여러 가지 작 품을 감상하는 기회가 주어진다.

미니 워터 가드닝

대상 : 중 고등학생 및 일반인
목표 : 수생식물을 이용한 그린인테리어를 통하여 여유와 휴식을 즐긴다.
　　　　수생식물의 종류 및 정원 연못에 관심을 갖는다.
준비물 : 수생식물(워터 코인, 홍띠, 해오라비 난초, 석창포), 플라스틱 혹은
　　　　도자기 수반, 마사토, 돌, 가위, 수저 등
도입 : 수생식물 종류의 설명, 알고 있는 수생식물과 길러본 경험 이야기한다.
전개 :
1. 준비한 수생식물을 잘 다듬는다.
2. 작은 용기에 심을 때는 뿌리를 자를 수 있는 만큼 자른다.
3. 용기에 마사토를 1/3 정도 깔아준 다음 식물을 심는다.
4. 뒤쪽에는 키가 큰 식물, 앞에는 키 작은 식물을 방향을 살펴 가며 디자인한다.
5. 디자인한 대로 용기의 2/3 깊이 까지 마사토를 채워 넣는다.
6. 마지막으로 돌을 식물과 조화롭게 놓아 마무리한 후 물을 채운다.
기대효과 :
1. 손을 이용하여 작업하므로 소 근육 발달, 및 촉감을 느낄 수 있다
2. 식물 심는 과정에서 집중력이 향상된다.
3. 연못 정원이 없어도 베란다, 햇빛이 잘 드는 곳에 수생식물을 키울 수 있다.
4. 여름엔 청량감, 겨울엔 가습효과를 가져올 수 있다.
5. 작품의 완성으로 성취감을 느낄 수 있다.
정리 : 수생식물 관리법에 대하여 설명한다.
다양한 종류의 용기 이용하여 수생식물을 키워본다.
플라스틱 재활용품을 이용해서도 수생식물을 키울 수 있음은 안다.
석창포[8]는 천남성과로 물가에서 자라며 독특한 향의 방향성 식물로 약재로 쓰임.

미니 화환 만들기

대상 : 중, 고등학생, 성인, 노인 등
목표 : 생화를 이용한 미니 화환을 만들어 감사와 축하의 마음을 전할 수 있다
　　　성취감 및 자신감 증진시킬 수 있다.
준비물 : 생화, 미니 이젤, 플로랄 폼, 투명비닐, 리본, 가위 등
도입 : 축하 화환에 대한 의미와 선물의 경험에 대하여 이야기한다.

전개 :
1. 플로랄 폼을 물에 담근다.(플로랄 폼은 누르지 않고 자연스럽게 흡수시킴)
2. 생화를 사용하기 쉽게 다듬어 놓는다.
3. 플로랄 폼을 이젤의 크기에 맞춰 잘라 투명비닐을 씌워 이젤에 고정시킨다.
4. 잎 소재를 이용하여 전체적인 형태를 잡는다.
5. 큰 꽃부터 꽂은 후 점점 작은 꽃으로 균형 맞춰가며 꽂는다.
6. 플로랄 폼이 보이지 않도록 남은 잎 소재로 채워준다.
7. 리본을 만들어 적당한 위치에 매달아 완성도를 높인다.

기대효과 :
1. 각종 꽃 이름을 알 수 있다.
2. 꽃을 꽂는 동안 집중력을 향상시킨다.
3. 색의 조화로운 배합을 알 수 있다.
4. 성취감과 자신감을 증진 시킬 수 있다

정리 :
1. 생화 대신 비누 꽃, 조화로도 미니 화환을 만들 수 있음을 설명한다.
2. 꽃의 수명을 연장시키기 위해 플로랄 폼에 물을 주는 것 잊지 않게 한다.
3. 누구에게 선물할지를 발표하며 선물의 즐거움을 알게 한다.

박스 정원 만들기 - 나만의 정원 만들어 공간장식 해요

대상자 : 주부, 성인 등
목표 : 박스에 식물로 아름답게 나만의 정원을 만듦으로 성취감과 소근육 발달 및 정서 안정을 도모한다.
준비물 : 나무 박스, 난을 비롯한 관엽식물, 마사토, 배양토, 애그스톤, 숯, 색돌

도입 : 관엽식물의 생육환경을 애기해 본다. 박스에 식물을 기를수 있는 방법에 대하여 의견을 나눈다.

전개 :
 1. 식물을 나눠주고 이름을 익힌다.
 2. 박스 바닥에 마사토(혹은 난석)를 깔아 배수층 만들고 배양토를 약간 넣는다.
 3. 관엽식물을 아름답게 배치한다.(키가 큰 식물을 앞에서 봤을 때 왼쪽으로 배치하면 더 안정적이다.)
 4. 난을 심을 때에는 비닐 포트째로 심으며 꽃봉오리의 방향을 살핀다.
 5. 배양토를 다져가며 식물을 심되 늘어지는 식물은 가장자리로 배치하면 자연스럽게 흘러내리는 모습이 된다.
 6. 숯과 애그 스톤을 배치하여 아름다움을 더해 준다.
 7. 착색 이끼를 이용해 토양층을 덮어준 후 마사토와 색돌을 이용하여 아름답게 마무리한다.
 8. 나만의 작품에 이름을 붙여주어 잘 관리하도록 한다.

기대효과 :
 1. 배수 구멍이 없는 용기를 이용하여 생육조건이 다른 식물을 식재할 수 있다.
 2. 식물의 다른 특색이 있음을 관찰하고 서로 어울리게 심을 수 있다.
 3. 손의 미세 근육 운동을 통하여 관절 가동범위가 향상된다.
 4. 식물의 특성을 살려 정성 들여 심어 완성된 작품으로 성취감을 갖게 된다.
 5. 아름답게 완성된 박스 정원으로 실내를 장식함으로 정서 순화에 도움이 된다.

정리 : 식물의 관리요령을 숙지한다.
 한 공간에 다양한 식물이 함께 살아가기 위해서 같은 생육 습성을 가진 것끼리 심는 것이 가장 좋으나 습성이 다른 식물과 같이 심을 경우에는 어느 한 종류는 포트째 심어서 관리해야 한다.
 박스 정원은 세상에 하나밖에 없는 소중한 나만의 정원으로 다양한 표현을 할 수 있다. 시판하는 대형박스는 바닥에 배수공이 있고 호스로 연결되어 있다.

• 호접란 : 직사광선에 약한 반음지 식물이므로 햇살이 은은하게 들어오는 창문 근처에 두는 것이 좋으며 직사광선에서는 꽃잎이 금방 화상을 입을 수 있으니 주의해야 한다. • 뱅갈고무나무[f] : 실내 공기정화식물로 각종 유해 물질도 정화해주고, 천연 가습효과도 있어 거실이나 침실 등 다양한 장소에 두면 좋다. 단 중간 이상의 광도를 요구하기 때문에 거실, 침실에서 빛이 들어오는 창문 쪽, 발코니 쪽에 두어야 한다. 건조에는 비교적 강한 편이고 과습을 주의해야 하기 때문에 배수가 잘 되도록 하며, 물주기는 겉흙이 말랐을 때 천천히 화분 밑으로 흘러나올 때까지 흠뻑 준다.

비누 만들기 - 주물럭주물럭 장미꽃 탄생

대상자 : 유치원, 초, 중등 학생, 노인
목표 : 비누 베이스를 이용하여 주물러서 여러 모양을 만듦으로 재미를 느끼고 손의 근육을 발달시키며 창의력을 향상시킨다.
준비물 : 비누 베이스, 아로마 오일 (2종류)

도입 : 비누 만드는 법(CP, MP)에 대한 간단한 설명과 좋아하는 허브 향에 대한 이야기 한다.
전개 :
1. 비누 베이스를 나눠주고 향을 맡아보며 원하는 아로마 오일을 선택하게 한다.
2. 비누 베이스를 손으로 주물럭거려서 부드럽게 만든다.
3. 어느 정도 부드러워지면 오일을 조금 떨어뜨려 비누에서 향이 나게 한다.
4. 부드러워진 비누 베이스를 주물러가며 원하는 모양을 만든다.
5. 만드는 과정에서 어려운 점과 서로의 작품을 감상하는 시간을 갖는다.

기대효과 :
1. 손바닥과 손가락의 사용으로 상지의 미세 근육을 자극하여 섬세한 작업을 할 수 있게 하며 후각 및 촉각 기능을 향상시킨다.
2. 아름다운 작품을 만드는 과정을 통해 창의력 및 성취감이 생긴다.

정리 :
● MP(Melt & Pour)비누 : 녹여 붓기 비누로 먼저 만들어진 비누 베이스를 녹여 만든다. 위험한 가성소다를 다루지 않아 아이들과 재미있게 만들어 볼 수 있는 방법이며, 글리세린, 향, 색소를 넣어 예쁜 비누로 만들 수 있다.
● CP(Cold Process) 비누 : 천연비누 제조법 중 가장 기본적이며 전통적인 방식으로 저온법 비누라고 한다. 저온에서 기름(Oil)에 가성소다를 첨가하여 만드는 비누로 식물성 오일, 허브 및 한약제 등의 천연향료, 천연염료 등 선택이 폭이 넓기 때문에 추천할 만한 방법이며 가장 많이 이용되고 있는 천연비누 만들기 방법이다. 성인들의 비누 만들기 수업으로 추천할 만하다.
  비누 베이스는 처음엔 단단하나 손으로 주물럭거려 체온으로 부드러워지면 원하는 모양을 만들 수 있다. 천연향을 첨가하여 노인은 후각신경의 회복으로 인지 능력이 향상될 수 있다. 아동들의 원예활동에는 가성소다를 녹여서 만드는 CP비누 보다는 만들어진 비누 베이스를 이용하여 녹여서 만드는 MP비누 만들기 하는 것이 안전하다.

비누 꽃을 이용한 복주머니 선물 박스 만들기

대상자 : 선물과 카드로 마음을 전하고 싶은 사람 누구나.
목표 : 설을 맞이하여 사랑하는 사람에게 선물 및 카드로 사랑의 메시지를 전할
　　　　 수 있다.(기쁨 바이러스 전파)
준비물 : 장미 비누 꽃, 안개꽃, 종이박스, 컬러 부직포 스타핑, 카드, 스티커,
　　　　　 리본, 가위 등
도입 : 향긋한 향기로 방향제 역할을 하며 오래 보관할 수 있는 다양한 색상의
　　　　 비누 꽃의 활용에 대하여 설명한다.

전개 :
1. 누구에게 선물할 것인지 생각하고 좋아하는 색상을 선택한다.
2. 선택한 색상의 장미 비누 꽃과 어울리는 컬러 부직포를 선택한다.
3. 종이 박스에 컬러 부직포 스타핑을 잘 깔아준다.
4. 비누 꽃과 안개꽃을 잘라서 적당하게 배치한다.
5. 새해 카드에 사랑의 메시지를 적어서 선물과 함께 잘 배치한다.
6. 스티커와 별장식 등을 아름답게 장식한다.
7. 상자 뚜껑을 안개꽃과 리본으로 장식하여 마무리한다.

기대효과 :
1. 받는 것의 익숙함에서 벗어나 주는 기쁨을 알게 된다.
2. 사랑하는 사람을 생각하며 표현하는 능력을 키운다.
3. 다양한 도구와 재료의 활용으로 아름다운 작품을 완성하는 성취감을 느낀다.
4. 리본을 만드는 과정에서 손 근육의 발달을 기대할 수 있다.
5. 카드에 감사와 사랑의 마음을 전하며 선물을 준비하는 기쁨도 누릴 수 있다.

정리 :

1. 본인이 꾸민 선물 박스를 소개하며 작성한 카드를 읽고 누구에게 줄지 발표하며 선물을 줄 수 있음에 감사함을 느낀다.
2. 선물을 더 예쁘게 전달하는 방법을 배우고 글로 표현할 수 있음을 실천하게 한다.

비바리움 (Vivarium : 새해 소망하며 구피와 함께)

대상자 : 직장인, 주부, 대학생
목표 : 식물과 함께하는 물고기를 보며 심리·정서적 안정과 습도 조절 효과, 인테리어로서의 미적 효과를 얻는다.
준비물 : 유리 용기, 식물(개운죽), 맥반석, 구피, 색돌, 조개껍질, 메모지, 끈
도입 : 비바리움과 아쿠아리움에 대한 비교설명과 물고기를 키워본 경험을 이야기한다. 개운죽과 구피에 대하여 알아보는 시간을 갖는다.
전개 :

1. 물고기가 잘 자랄 수 있도록 유리 용기를 깨끗이 씻는다.
2. 개운죽은 뿌리를 깨끗이 세척 하여 준비한다.
3. 정수 기능을 하는 맥반석을 용기 바닥에 깔아준다.
4. 식물을 넣고 색 돌로 고정시켜서 아름다운 색감을 연출한다.
5. 조개껍질, 피규어 등으로 장식하여 작품을 더 풍성한 느낌이 들도록 한다.
6. 하루 전에 미리 받아준 물을 너무 꽉 차지 않게 부어준다.
7. 구피를 넣어 주고 완성된 비바리움에 희망의 메시지를 적어 끈으로 묶어준다.

8. 메모지에 한 해 계획을 간단히 써서 끈으로 유리병에 묶는다.

9. 상대방의 작품을 감상하고 칭찬하는 시간을 갖는다.

기대효과 :

1. 식물을 심고 용기 내부를 장식하는 과정에서 집중력을 키울 수 있다.

2. 미적 감각을 살려 아름다운 작품을 만들며 성취감을 갖게 된다.

3. 식물의 공기정화 기능과 가습효과로 정서적 안정을 기할 수 있다.

4. 식물과 동물이 공생함을 보며 인간관계도 상부상조해서 원활한 관계를 이룰 수 있음을 안다.

5. 자신에 만든 작품에 애정을 갖고 기를 수 있다.

정리 : 비바리움(Vivarium)이란 한 용기 안에 식물과 동물이 함께 살 수 있도록 만들며 수경재배를 통해서도 비바리움과 유사한 작품을 만들 수 있다. 맥반석은 음이온이 나오며 정수 작용이 있는 돌이다.

- 개운죽[8] : 길이가 약 30-50cm 정도이며 굵은 땅속줄기 끝에서 잎이 모여 난다. 기르기 쉽고 수명이 길며 많은 행운을 가져온다 하며 부귀죽으로도 불린다. 운이 열린다는 개운죽의 의미를 살려 새해 계획을 이야기하며 새롭게 다짐하는 시간을 갖고 원활한 인간관계를 가질 수 있도록 노력한다. 꽃말은 상속, 모성애

아쿠아리움(Aquarium) 만들기 - 새로운 생명체를 기다리며

대상자 : 주간보호센터 어르신

목표 : 식물의 생장 습성을 이해하고 작업을 통하여 집중력을 향상시킨다.

구피의 성장 모습과 식물의 자라는 것을 관찰하며 정서를 순화시킨다.

준비물 : 유리 용기, 식물(스킨답서스), 맥반석, 자연석, 구피, 색돌,

도입 : 아쿠아리움에 대한 설명과 물고기를 키워본 경험을 이야기한다.

사람과 식물이 살아가는 데 필요한 환경에 대하여 이야기한다.

전개 :

1. 유리 용기를 깨끗이 씻는다.
2. 스킨답서스는 포트에서 꺼내서 뿌리를 정리하여 깨끗이 씻어준다.
3. 맥반석을 용기 바닥에 깔아준다.
4. 적당히 자른 식물을 넣고 자연석과 맥반석으로 고정시킨다.
5. 하루 전에 미리 받아준 물을 적당히 부어준다.
6. 구피를 넣어서 아쿠아리움을 완성한다.(구피에 대한 거부감이 있는 경우 비닐 장갑을 착용하도록 한다.)

기대효과 :

1. 식물을 심고 용기 내부를 장식하는 과정에서 집중력을 키울 수 있다.
2. 뿌리가 나오면 식물의 끈질긴 생명력을 보며 미래에 대한 기대감이 부여된다.
3. 스킨답서스의 공기정화 기능과 아쿠아리움으로 가습효과를 얻을 수 있다.
4. 동, 식물이 공생함을 보며 사람도 서로 도와가며 원활한 관계를 이룰 수 있음을 깨닫는다.

정리 : 아쿠아리움은 물을 붓고 관상용 물고기를 기르는 것이며 식물과 함께 작품을 만들었을 경우 별도의 산소 투입기가 없어도 생존 기간을 늘릴 수 있다. 물고기가 노는 것을 보며 어르신들이 안정감을 느낄 수 있고, 뿌리와 새싹이 언제쯤 새로 나오는지 인내심을 가지고 기대하는 것을 통하여 어르신들도 몸과 마음이 치료받고 건강해질 수 있음을 이야기하여 긍정적인 자아상을 가질 수 있도록 유도한다.

• 스킨답서스는 천남성과로 키우기 쉬운 관엽식물 중 하나이다. 좁은 실내에 공중 걸이나 벽걸이의 방법으로 장식할 수 있으며, 수경재배가 용이한 식물로 초보자나 원예프로그램 시 이용하면 실패하지 않을 식물이다.

삽목 (방울토마토 곁순을 이용한 화분 만들기)

대상 : 초, 중 고등학생, 일반인 등
준비물 : 토마토 곁순, 플라스틱 컵, 펄라이트, 상토, 마사토 등
목표 : 곁순을 이용해 삽목을 하여 식물이 자라는 성장 과정을 통해 정서적인 안
　　　정감 및 만족감을 준다
도입 : 토마토 생장 및 곁순 제거에 대한 설명을 하며 간단한 자기소개 및 삽목
　　　경험에 대해 이야기한다.
전개 :
1. 토마토의 원순과 곁순에 대해 설명한다.
2. 재활용 비닐 컵에 펄라이트를 1/4 넣고 상토로 2/4까지 채워준 후 곁순을 삽목
　　한다.
3. 삽목한 곁순 주변에 나머지 상토를 채워준다.
4. 마사토를 위에 깔아 마무리한다.
5. 펄라이트 부분까지 물을 준다.
기대효과 :
1. 토마토 곁순과 원순에 대해 이해하며 곁순으로도 삽목이 잘 됨을 알게 된다.
2. 소근육의 발달 및 집중력을 높일 수 있다.
3. 재활용 컵의 사용으로 환경오염에 대한 관심을 갖게 한다.
4. 완성된 화분으로 성취감과 식물 재배에 대한 관심을 갖게 한다.
정리 : 정성 들여 키움으로 결실을 볼 수 있게 하며 식물의 끈질긴 생명력을 통
하여 우리 삶을 반추해본다. 토마토 곁순은 삽목이 잘 되므로 우량한 품종의 경
우 곁순을 삽목하여 품종 유지가 가능하다. 토마토는 곁순을 제거하여 원줄기로
키워야 좋은 열매가 많이 열린다.

석부작 만들기 - 우리 같이 취미 활동해요

대상자 : 석부작에 관심 있는 성인
목표 : 취미생활 정보교류 및 손의 기민성과 집중력을 향상시킨다.
준비물 : 수반, 돌, 소엽 풍란, 옥돌, 핀셋, 본드(목공 풀) 등
도입 : 난의 서식지 및 소엽 풍란의 특성과 석부작에 대하여 설명한다.
전개 :
1. 풍란을 부착할 돌을 고른다.(전날 본드를 이용하여 수반에 돌을 붙여둔다.)
2. 포트에 있는 풍란을 꺼내서 수태를 조금만 남기고 썩은 뿌리 등은 정리한다.
   (뿌리에 붙은 모든 이물질을 제거 후 썩은 뿌리 잘라주며 신중하게 작업)
3. 부착할 위치를 정한 후 뿌리를 가지런히 정돈하여 핀셋을 이용하여 접착제를
   묻혀 바른 다음 10초 정도 꾹 눌러준다.
4. 생장점 부분에는 접착제가 붙지 않도록 하며 건강한 뿌리는 돌 틈에 끼운다.
기대효과 :
1. 작업하는 과정에서 손의 기민성과 집중력을 향상시킬 수 있다.
2. 운치 있는 공기정화기 겸 천연 가습기로 실내장식의 효과가 있다.
3. 아름다운 작품을 완성하므로 성취감 및 자존감을 높일 수 있다.
4. 서로의 정보교류로 원예에 대한 관심을 가질 수 있다.

정리 : 풍란(소엽, 대엽)은 남해나 제주 해안 절벽에 뿌리를 내놓고 비와 습기만
을 먹고 자라는 착생식물로 석부작, 목부작, 숯부작 등을 만들 수 있다. 뿌리를
부착할 때는 묵은 뿌리를 남겨서 접착제로 붙이는 것이 좋으며 처음엔 수태를
조금 남겨 두면 뿌리 활착에 도움이 되며 두 달 정도 지나면 새로운 뿌리가 돌
에 부착하게 된다.

선인장을 이용한 반려 식물 만들기

대상자 : 20-50대 성인

목표 : 선인장을 이용하여 반려 식물 화분을 만듦으로 정서 순화 및 소근육의 발달을 향상시킨다.

준비물 : 선인장(백도선), 다육식물(소), 화분, 마사토, 선인장용 상토, 비닐장갑, 망, 수저, 꾸밈 끈, 비닐 백

도입 : 퐁당퐁당 체조(기타 손 운동)로 서로 인사하며 따뜻한 분위기 만든다.
선인장 및 반려 식물 키워본 경험을 이야기한다.

전개 :

1. 재료와 식물을 나눠주고 이름을 익힌다.

2. 화분 바닥에 그물망을 깔고 마사토로 배수층 만들어 준다.

3. 선인장과 다육식물을 꺼내 조화롭게 배치한 후 상토를 넣어가며 심는다.

4. 마사토로 표면을 덮어준다.

5. 꾸밈 끈으로 묶어주고 만든 반려 식물에 이름을 지어준다.

기대효과 :

1. 선인장의 실내 공기정화 기능을 안다.

2. 선인장을 심는 과정을 통해 소 근육이 향상된다.

3. 완성된 작품으로 성취감을 갖게 된다.

정리 : 반려 식물은 사랑과 관심으로 관리했을 때 아름다움을 보여줌을 안다.
반려 식물을 통해서 지친 마음을 위로받으며 정서적으로 안정감을 갖게 된다.
선인장과 다육식물은 CAM Plant로 야간에 기공을 열어 이산화탄소를 흡수한 다음 광합성을 하므로 어린이 공부방에 두면 이롭다

소엽 풍란을 이용한 석부작 만들기

대상 : 청소년, 주부 등 일반인
목표 : 풍란과 화산석을 이용하여 창의적인 작품을 만들 수 있다.
　　　　풍란의 생육 습성 및 효능에 대해 알아본다.
준비물 : 소엽 풍란, 화산석 화분, 낚싯줄, 수태 등
도입 : 풍란의 종류 및 생육 습성에 대한 설명과 키워본 경험 및 풍란의 효능에
　　　　대해 이야기한다.
전개 :
1. 풍란의 이름 및 유래를 설명한다.(바람이 잘 통하고 공중습도를 얻기 쉬운 지
　리적 위치에 서식한다고 해서 붙여진 이름으로 난초과의 착생식물)
2. 풍란을 화분에서 분리하여 묵은 수태를 제거한다.
3. 풍란의 묵은 뿌리를 정리한다.
4. 새로 준비한 수태로 풍란의 뿌리를 살짝 싸매준다.
5. 화산석의 중심에 풍란을 넣고 뿌리의 일부를 잘 펴주어 심거나 화산석에 낚싯
　줄을 이용하여 풍란을 부착시킨다.(화산석의 모양에 따라)
기대효과 :
1. 풍란의 생육을 이해하고 피부 보습 작용이 있어 화장품 원료로 쓰임을 안다.
2. 낚싯줄로 풍란을 화산석에 고정시키는 과정을 통해 집중력을 향상시킨다.
3. 작품의 완성으로 성취감을 느낄 수 있다.
4. 집안의 습도 조절 및 난의 개화 시 은은한 향기로 평안함을 느낄 수 있다.
정리 : 석부작이므로 일주일에 2-3회 정도 물을 스프레이 해 줘야 한다.
　낚싯줄 이용하여 다양한 모습의 석부작을 만들 수 있다.

바닷가에 자생하는 소엽풍란 연출

솔방울을 이용한 갈란드 만들기

대상자 : 초등학생, 노인, 장애인, 집중력 결핍 대상자 등
준비물 : 막대(나뭇가지), 솔방울, 장식용 폼, 잎(조화), 리본, 마 끈, 바늘, 가위
목표 : 창의력 및 손 근육 발달과 집에 장식함으로 정서 순화에 도움이 된다.
도입 : 갈란드에 대해 설명하고 자연의 여러 소재를 이용하여 장식품을 만들 수
있다.
전개 :
1. 마 끈을 적당한 길이로 자른다.
2. 마 끈으로 첫 단에 솔방울을 묶는다.
3. 대바늘에 마 끈을 꿰어 여러 재료를 적당한 간격으로 꽂아가며 장식한다.
4. 한 줄 꽂이가 끝난 끈은 막대에 묶어준다.
5. 같은 방법으로 길이와 배합을 달리하여 5줄 정도 완성하여 막대에 묶는다.
6. 막대에 마 끈을 적당한 걸 수 있는 길이로 묶어준다.
7. 중앙에 중심을 잡아 리본으로 장식한다.(리본을 옆에 장식할 수도)

기대효과 :
1. 솔방울을 통해 실내 가습효과가 있음을 안다.
2. 집중력 향상을 기대할 수 있고 완성된 작품으로 성취감을 갖게 된다.
3. 손의 미세 근육 운동을 통해 관절 가동범위가 향상된다.
4. 동일한 재료로 여러 가지 표현이 가능함을 알 수 있다
정리 :
서로 다른 배열을 한 갈란드 작품을 보며 감상하는 시간 갖는다.
각자 만든 작품으로 아름답게 꾸밀 공간을 생각하며 만족감을 느낀다.

새싹 보리 키우기

대상 : 초, 중등 학생, 장애인, 노인 등 누구나

목표 : 새싹 보리를 길러봄으로 식물의 생장을 통한 생명의 소중함과 정성을 다했을 때 잘 자라는 모습을 보며 자존감을 키울 수 있다.

준비물 : 겉보리, 플라스틱 용기, 키친 타월, 분무기, 용기 장식용 스티커, 나무젓가락, 수저

도입 : 새싹 보리를 길러본 경험과 새싹의 영양가치에 대하여 이야기한다.
새싹 보리의 토양재배와 수경재배의 방법에 대하여 이야기한다.

전개 :

1. 재료 나눠주고 기르는 용기 외부를 장식하는 방법을 설명한다.

2. 겉보리 불리는 방법을 설명한다.

3. 용기 겉면을 스티커로 아름답게 장식한다.

4. 용기에 키친 타월을 깔고 분무기로 물을 뿌려준 후 불린 보리를 골고루 펼쳐준다.(전날 보리를 불려서 준비)

5. 1-3 일 정도는 키친 타월로 햇빛을 가려준다.

6. 하루에 2회 이상 분무기로 물을 뿌려 마르지 않게 한다.

7. 발아되기 시작(1cm 정도)하면 키친 타월을 벗기고 직사광선을 피하고 물을 자주 준다.(스프레이)

기대효과 :

1. 새싹을 키우는 과정에서 메마른 정서 회복과 감성을 키우는 경험을 기대할 수 있다.

2. 보리를 정성을 다해 골고루 파종하는 과정을 통하여 집중력이 향상된다.

3. 습도 조절 효과를 기대할 수 있다.

4. 파랗게 자란 새싹 보리를 보며 심리적 안정감을 느낄 수 있다.

정리 :

7-10일 정도 지나서 10cm 정도 자라면 잘라서 식용할 수 있다.

새싹 보리는 한번 길러 사용한 후는 다시 키울 수 없음을 알게 한다.

(이유 : 생장점을 잘랐으므로)

새싹 보리를 수확 후 여러 용도로 사용됨을 설명한다.

• 새싹 보리 효능[d]: 힘과 지구력 강화, 염증이나 간질환 치료, 면역력 향상, 해독작용에 도움, 당뇨병에 도움, 콜레스테롤 감소, 암 예방, 천식 예방, 골다공증 예방, 체중감량 등 새싹 보리에는 각종 성인병을 일으키는 근원 물질인 활성산소를 분해하는 SOD(수퍼옥사이드 디스뮤테이즈)효소가 함유돼 있어 당뇨, 고지혈증

을 비롯한 성인병 예방과 피부 건강에 효과가 있다.

새싹 보리의 폴리코사놀 성분은 몸에 유익한 HDL 콜레스테롤의 수치는 올리고, 해로운 LDL 콜레스테롤의 수치를 낮추는 효과도 있다.

새싹 채소를 이용한 카나페 만들기

대상 : 초 중등 학생, 장애인, 노인 등 누구나
준비물 : 새싹 채소, 치즈, 방울토마토(혹은 딸기), 비스켓, 칼, 도마, 나무젓가락,
　　　　　비닐장갑, 접시 등
목표 : 새싹 채소 기르는 방법을 알고 식생활에 이용할 수 있다.
도입 : 새싹 채소 길러본 경험과 효능을 이야기한다.
전개 :
1. 새싹 채소의 기르는 방법과 영양 가치를 설명한다.
2. 새싹 채소를 종류별로 정리한다.
3. 치즈를 비스켓 사이즈로 (1/4), 방울토마토는 반으로 자른다.
5. 비스켓 위에 자른 치즈를 올려준다.
6. 치즈 위에 새싹 채소를 종류별로 색을 맞추어 올린다.
7. 새싹 채소 위에 반으로 자른 토마토(혹은 딸기)를 올린다.
8. 접시에 예쁘게 담아낸다.
기대효과 :
1. 새싹 채소의 종류와 새싹 채소가 건강에 좋다는 것을 알게 된다.
3. 음식을 만들 때 정성이 필요함을 알게 된다.
4. 손의 감각을 향상시킨다.
정리 :
새싹 채소용 종자는 소독이 안 된 것을 사용함을 숙지시킨다.
새싹 채소를 기를 때 물 관리를 청결하게 함을 알게 한다.
새싹 채소를 이용하여 비빔밥 등에도 이용됨을 안다.
함께 나눔을 통해 더욱 친숙해짐을 안다.
종자의 발아 조건[4] : 수분(종자는 적당한 수분을 흡수한 후 발아 활동 시작)
온도(온대산 20℃, 열대산 30℃ 전후), 빛(암발아 종자 혹은 광 발아 종자)
응용 : 치즈와 새싹 채소 외에 식빵과 토마토, 소스를 이용해서도 간단한 먹거리
를 만들어 함께 교제의 시간을 가질 수 있다.

새싹 채소를 이용한 카프레제 샐러드 만들기

대상자 : 초, 중등 학생, 주부
목표 : 토마토 특유의 강한 맛에 대한 거부감 해소 및 다양한 활용도에 대하여 알아봄으로 편식 교정에 도움이 되며 공동작업을 통한 사회성의 향상을 꾀한다.
준비물 : 토마토(방울토마토 가능), 새싹 채소, 바질, 슬라이스 치즈, 발사믹 소스, 칼, 도마 등
도입 : 토마토를 이용한 샐러드를 먹은 경험과 느낌을 이야기한다.
토마토의 효능과 카프레제 샐러드에 대한 설명을 한다.
전개 :
1. 토마토의 역사 및 일상생활의 활용도에 대해 설명한다.
2. 토마토를 적당한 두께로 썬다(0.5cm).
3. 치즈는 삼각형으로 썰어둔다.
4. 준비된 접시 위에 토마토 슬라이스, 치즈, 새싹 채소를 순서대로 올린다.
5. 발사믹 소스를 뿌린다. (재료는 미리 씻어서 준비한다)

기대효과 :
1. 맛이 강한 토마토에 대한 거부감을 완화시킴으로 다른 음식에 대한 호기심을 자극할 수 있다
2. 사 먹어야만 맛볼 수 있다고 생각했던 샐러드를 직접 만들어 봄으로 자부심을 느낀다.
3. 가족에게 멋진 요리를 선보일 수 있다는 자신감을 얻을 수 있다.
4. 공동으로 역할을 분담하여 완성한 샐러드를 맛보며 사회성이 길러질 수 있다.

정리 :
토마토의 역사를 이해하고 다양한 활용도 및 효능에 대하여 알 수 있다.
샐러드를 만드는 과정에서는 3-4명이 한 조를 이루어 각자 맡은 역할(예, 토마토 썰기, 치즈 얹기, 새싹 채소 얹기 등)을 하면서 완성해 나간다. 서로 협력하여 만드는 과정을 통해 사회성도 길러지며 시식하는 동안 구성원들의 마음이 교감되고 알고 있는 다른 건강식에 대하여 서로 이야기한다.
- 토마토의 효능[b] : 항암효과, 동맥경화 방지, 고혈압 예방, 부종을 없애고 당뇨병 예방, 소화 작용 및 피로 해소, 변비와 비만 예방, 노화 방지 및 치매 예방 등.
- 카프레제란 토마토와 모짜렐라 치즈를 겹겹이 쌓은 이태리의 대표 샐러드이며 가정에서도 주부들이 가족과 함께 만들어 즐길 수 있음을 알게 한다.

수경재배 - 유리 안에 청량감을 담다

대상자 : 어린이, 청소년, 주부, 어르신 등 모두
목표 : 수경재배에 가능한 식물을 알아보고 실내에 장식하므로 습도 조절 및 식물의 생육을 관찰할 수 있다.
준비물 : 유리 용기, 식물(개운죽, 스킨답서스, 아이비), 조약돌, 리본 등
도입 : 수경재배에 대한 설명하고 사용된 식물의 생육 및 꽃말 알아본다.

전개 :
1. 사용되는 식물에 대해 설명한다.
2. 뿌리를 깨끗이 씻은 다음 적당하게 다듬는다.
3. 약간의 흰 조약돌을 유리병에 넣어 준다.(물을 넣고 기울여 조약돌 넣으면 유리가 깨지지 않고 안전)
4. 개운죽을 넣고 조약돌을 넣어서 식물을 고정시킨다.
5. 스킨답서스와 아이비는 뿌리가 짧으므로 마지막에 넣는다.
6. 리본을 장식하고 뿌리에 물이 닿을 수 있도록 적당히 물을 채운다.

기대효과 :
1. 수경재배 활동을 통해 식물 뿌리의 생장 과정을 관찰할 수 있다.
2. 완성된 작품으로 성취감을 갖게 된다.
3. 실내에 장식함으로 여름에는 청량감을 느낄 수 있고 겨울에는 가습효과를 기대할 수 있다.

정리 : 여러 식물의 자람을 보며 자연을 느끼고 심신 치유 효과가 있다.
식물의 재배 방법에는 여러 가지가 있음을 안다. 수경재배 용기는 일회용 플라스틱 용기나 빈 병 등 다양한 용기 사용이 가능하다.
식물 뿌리를 미리 씻어서 준비하면 수도시설이 없는 곳에서도 수월하게 프로그램을 진행할 수 있다. 직사광선을 피하고 물은 4-5일에 한 번 정도 개운죽의 첫 마디까지 보충해준다.
• 개운죽은 어떤 광도나 무난하여 거실이나 발코니에서 키우기가 좋으며, 대나무가 아닌 드라세나 속의 관엽식물이다. 그러나 잎이 떨어진 후의 줄기가 관상의 대상이 되며, 곡선이 필요할 경우 줄기를 곡선으로 유도할 수 있다.
꽃말 : • 개운죽 : 행운, 행복, 장수   • 스킨답서스 : 우아한 심성.
• 아이비는 상록성 덩굴성식물로 인기가 있는 식물이다. 특히 내한성이 비교적 강한 편이므로 기온이 서늘할 때 사용하면 실패할 확률이 적다.
꽃말은 진실한 애정

기타 마사토, 색 구슬, 색 돌을 이용한 개운죽 수경재배

색 돌을 이용한 스킨답서스 수경재배

124

맥반석과 자갈을 이용한 거북 알로카시아(좌)와 수정토를 이용한
행운목(우)의 수경재배

수경재배를 이용한 몬스테라 키우기 – 정성으로 선물해요

대상자 : 수경재배에 관심 있는 성인
목표 : 수경재배에 방법에 대해 이해하며 몬스테라의 특징을 알며 삶에 적용한
　　　다. 정성 들여 만든 작품을 선물하므로 정서적 유대감을 높인다.
준비물 : 몬스테라, 화병, 마사토, 수정토, 리본, 선물 가방
도입 : 수경재배와 수경재배 시 주의사항 및 몬스테라에 대하여 설명한다.

전개 :
1. 식물과 재료를 나눠준다.
2. 몬스테라의 흙을 털어내고 깨끗이 세척한다.(수업 전 미리 세척하여 준비)
3. 세척 마사토를 화병에 조금 넣고 몬스테라의 위치를 선정한다.
4. 수정토를 몬스테라의 지제부까지 넣은 후 물을 부어 준다..
5. 화병에 리본으로 장식하고 누구에게 선물하고 싶은지 발표하며 가방을 준비하
여 정성을 다하여 선물함으로 받는 자에게도 기쁨을 선사한다.

기대효과 :
1. 수경재배를 통한 정서적 안정 및 청량감 있는 공간을 꾸밀 수 있다.
2. 수경재배를 이해하고 주변 식물을 수경으로 가꾸어 본다.
3. 수경재배 화초를 선물함으로 정서적, 사회적 관계 형성을 지향할 수 있다.
4. 완성된 작품으로 성취감을 느끼며 선물을 줄 수 있는 감사함을 느낀다.

정리 :

수경재배[2]란 토양을 사용하지 않고 물과 무기양분이 들어있는 영양액으로 재배하는 방법으로 식물의 생육상태 확인이 가능하다. 냄새, 해충이 거의 없으며 공간 활용이 용이하고 천연 가습기 역할도 할 수 있다. 재배 초기에는 매일 물을 갈아주며(양액 첨가 가능) 물의 변화 관찰한다.(물이끼, 부유물, 물의 양 등)
• 몬스테라[b]는 비바람에도 살아남기 위해 잎이 갈라지고, 열대우림의 큰 나무들 아래 드는 소량의 빛을 아래 잎에도 나누기 위한 구멍이 있는 배려심 있는 특성을 가진 식물이다. 그 특성을 통해 사회적 관계 형성 시 희생과 배려의 미덕을 배울 수 있다.(지제부 : 토양과 지상부의 경계 부위)

수경재배 - 연화죽으로 사랑을 전해요

대상자 : 초, 중등 학생, 일반인, 어르신 등
목표 : 여러 가지 색 돌을 넣어 수경재배를 해봄으로 칼러 감각과 손의 미세 근육의 발달을 촉진시키고 집중력을 높인다.
준비물 : 유리 용기, 연화죽, 배양토, 색 돌, 장식품 등
도입 : 가벼운 손 운동으로 마음을 열고 및 수경 재배에 대한 설명을 한다.
전개 :
1. 색 돌과 배양토 등 재료를 나눠 주고 연화죽의 모습을 관찰한다.
2. 색 돌과 배양토를 만져보아 질감의 차이를 느껴본다.
3. 연화죽의 뿌리를 정리하여 깨끗이 세척 한다.
4. 유리병에 배양토를 약간 깔아주고 그 위에 연화죽을 올린다.
5. 색 돌로 무늬를 내듯 얹어서 연화죽을 고정시킨다.

6. 라벨에 이름을 쓰고 울타리를 장식하여 마무리한다.

7. 물은 지제부 까지만 부어줌을 설명한다.

기대효과 :

1. 연화죽을 이용하여 화려한 색감의 작품을 완성하므로 성취감을 느낀다.

2. 색 돌과 배양토를 만져서 촉감을 느껴봄으로 손의 미세감각을 향상시킨다.

3. 수경재배의 다양한 방법을 알 수 있다.

정리 : 수경재배란 흙을 사용하는 대신 수용성 영양분으로 구성된 배양액 속에서 식물을 키우는 방법으로 물재배 또는 물가꾸기라 한다. 뿌리가 직접 양액에 접촉 함으로 성장이 촉진되며 가습효과가 있다. 흙을 사용하지 않음으로 위생적이며 날씨와 계절에 상관없이 재배가 가능하며 친환경적이다.

● 연화죽[b]은 행운목의 한 종류로 잎 모양이 위에서 봤을 때 마치 연꽃 같아서 붙여진 이름으로 새집증후군과 공기정화에 탁월하며 분 재배와 수경재배로 키울 수 있다. 직사광선을 피해서 재배하며 물만 주면 잘 자라므로 초보자가 키우기에 도 적당하다.

수경재배(테이블 야자 이용) – 사랑의 마음을 표현해요

대상자 : 학생, 장애인, 성인 누구나
목표 : 수경재배 작품을 만듦으로 마음의 평안을 경험하고 사랑하는 사람에게
　　　 메시지를 전달할 수 있다.
준비물 : 유리 용기, 테이블 야자, 맥반석, 유리용 마커 펜
도입 : 수경재배의 경험을 나누고 작품완성 후 누구에게 선물할지 떠오르는 사람
　　　 을 생각해본다.
전개 :
1. 테이블 야자의 특성 및 재배법에 대하여 설명한다.
2. 테이블 야자를 화분에서 빼서 흙을 털어내고 뿌리를 정리한다.
3. 뿌리의 모습을 관찰한다.
4. 물에 세척 하며 상처 난 뿌리는 잘라낸다.(미리 세척 후 정리하면 편리)
5. 유리병에 맥반석을 1/2정도 넣고 테이블야자를 넣은 다음 맥반석으로 채운다.
6. 마커 펜으로 유리병 겉면에 떠오르는 사람을 위하여 사랑의 메시지를 적는다.
기대효과 :
1. 수경재배의 특성을 이해하며 관리요령을 알 수 있다.
2. 각자 만든 작품을 통하여 마음의 안정을 경험할 수 있다.
3. 실내의 가습효과를 체험할 수 있다.
4. 감사한 마음으로 메시지를 쓰는 동안 마음의 평화를 느낄 수 있다
정리 : 테이블 야자는 멕시코 과테말라 원산으로 야자과의 관엽식물이다. 꽃말은
평화이며 비교적 키우기가 쉬운 식물로 원예초보자가 선택해도 손색이 없다. 공
기정화 및 암모니아, 유독가스 등의 냄새 제거에 효과적이다.
● 장애인의 경우에 실패할 확률이 적은 테이블야자를 이용하여 관리가 쉬운 수
경재배 작품을 만들고 그동안 도움을 준 사람에게 감사의 마음을 전할 수 있는
프로그램이다.

수경재배(피토니아와 재활용 유리 용기를 이용)

대상자 : 초, 중등 학생, 주부, 어르신 등
목표 : 재활용 유리 용기를 이용하여 다양한 색 돌과 식물을 어울리게 표현하여
　　　 집중력과 공간장식의 기쁨을 느낀다.
준비물 : 재활용 유리 용기, 피토니아(핑크, 화이트), 맥반석, 마 끈, 오색자갈 등
도입 : 유리를 재활용한 인테리어의 쓰임새를 알고 수경재배에 대하여 설명한다.

전개 :
1. 분위기를 띄우기 위하여 연장자순으로 재료를 선택하게 한다.
2. 피토니아의 특성과 오색 돌의 쓰임새에 대하여 설명한다.
3. 용기의 바닥에 맥반석을 넣고 오색 돌을 본인의 취향대로 조금 채운다.
4. 미리 뿌리를 세척한 피토니아를 알맞게 넣어 주고 나머지 돌을 채워서 마무리
　　한다. (돌도 미리 세척 하여 준비)
5. 마 끈으로 리본을 만들어 유리병을 장식한다.
6. 완성된 작품에 이름을 지어주고 느낌을 서로 이야기한다.
기대효과 :
1. 유리 용기를 재활용하여 인테리어 소품을 만들 수 있다.
2. 투명용기에 보이는 돌의 크기와 색에 따라 느껴지는 감정의 변화를 설명할 수
　　있다,
3. 아름다운 작품의 완성으로 섬세함과 집중력을 키울 수 있다.
4. 완성된 작품의 감상으로 심신의 안정감을 느낄 수 있다.
정리 : 버려질 수 있는 유리 용기를 재활용함으로 다양한 인테리어 소품을 만들
수 있음을 깨달아 모든 자원의 소중함을 알아간다.
● 피토니아[3]는 쥐꼬리망초과로 실내조경 등에 많이 쓰이고 있다. 화려한 색감을
포인트로 테라리움, 관엽식물을 이용한 바구니에도 많이 쓰이며 건조하지 않게
관리하면 싱싱함을 오래도록 볼 수 있다.

수경재배 - 컬러 워터 볼 촉감이 좋아요

대상자 : 어린이, 노인 등
목표 : 수경재배의 특성을 알고 컬러 워터볼을 사용함으로 색감과 촉감을 느낄
수 있다.
준비물 : 유리병, 식물(테이블 야자, 더피 고사리), 컬러 워터볼, 마 끈(넓은 것
포함), 태그
도입 : 수경재배와 분 재배의 차이점 알아보고, 워터볼의 여러 색을 살펴본다.

전개 :
1. 수경재배 용기로 사용할 유리병을 마 끈(넓은 것과 좁은 것)을 선택하여 입구
부분을 장식한다.
2. 식물의 뿌리를 세척 한다.(미리 세척 해두면 편리)
3. 유리병 안에 워터 볼을 2/3정도 채운 후 그 위에 식물을 올리고 위치를 잡은
후 식물이 잘 고정되도록 나머지 워터볼을 더 채워준다.
4. 작품의 이름을 지어 태그에 써서 꽂아준다.
5. 식물이 심어진 곳 까지(지제부) 물을 채워 마무리한다.

기대효과 :
1. 수경재배의 지지재료에 대한 새로운 정보제공으로 다른 작품에도 응용할 수
있다.
2. 워터볼의 촉감에 대한 느낌을 서로 이야기하며 정서적 교감을 할 수 있다.
3. 손가락의 유연성 및 기민성이 좋아진다.
4. 아름다운 색감을 가진 수경재배의 완성으로 성취감 및 자존감이 향상된다.

정리 :
워터 볼은 물을 주지 않아도 물을 머금고 있어서 자주 물을 줄 필요가 없으며
색깔이 다양하므로 어린이나 노약자들의 호기심을 유발할 수 있다.
- 테이블 야자는 비교적 기르기가 쉬운 식물로 수경재배는 물론 여러 가지 관엽
식물을 이용한 작품에 이용될 수 있다.
- 더피 고사리는 양치식물로 습도 유지를 위해 자주 스프레이 해주면 좋으며, 모
듬 심기나 테라리움에도 많이 이용된다. 두 식물 모두 강한 햇빛을 피하여 실
내에서 관리하면 무난하게 키우기가 쉬운 식물이다.
워터볼은 유아들이 먹으면 안 되며 버릴 때는 말려서 쓰레기봉투에 넣어서 버
려야 한다.
- 지제부 : 토양과 지상부의 경계 부위

왼쪽 : 더피 고사리, 오른쪽 : 테이블야자

수경재배(행운목과 점토 이용)

대상자 : 어린이, 학생, 주부, 노인, 장애인 등
목표 : 수경식물의 공기정화 기능을 알고 점토를 이용하여 장식함으로 색감, 촉
감과 소 근육 발달을 촉진한다.
준비물 : 화분 받침, 행운목, 마사토, 자갈, 컬러 점토, 수정토(워터비즈)
도입 : 수경재배 식물을 길러본 경험과 점토사용에 대하여 이야기하며 특히 어린
이와 노인의 경우 점토를 주물러 모양을 빚어 봄으로 손의 감각을 통한
인지력이 향상됨을 설명한다.
전개 :
1. 식물과 준비물을 나누어 준다.
2. 컬러 점토의 색을 고르며 촉감을 느끼고 수정토의 촉감을 느끼게 한다.
3. 받침에 행운목을 놓고 마사토로 고정시킨다.
4. 마사토 위에 수정토의 색을 맞추어 장식한다.
5. 점토로 원하는 모양을 맞추어 장식한다.
6. 흰 자갈을 이용하여 잘 마무리한다.

기대효과 :
1. 수경식물 재배에 대하여 안다.
2. 식물의 기능을 통한 실내장식 기능의 의미를 안다.
3. 컬러 점토를 가지고 여러 모양을 만들며 소 근육 촉감을 되살린다.
4. 완성된 작품을 감상하며 정서적 안정감을 느낄 수 있다
정리 :
컬러 점토의 사용으로 색채감각을 익힌다.
수경식물의 공기정화 기능을 안다.
토양 대신 투명한 수정토와 마사토 만으로 수경식물을 재배할 수 있음을 안다.
수정토[b]는 고 흡수성 플라스틱으로 자그마한 알갱이가 물을 흡수하여 100배까지
커지며 수경재배, 가습역할, 인테리어로 활용이 가능하다.
최소 1-5시간 불린 후 사용한다.(불려진 것 사용)

수경재배(행운목을 이용한 유리병 장식)

대상자 : 유치원 ~ 전 연령대

목표 : 수경재배에 대해 알고 여러 가지 재료들의 질감을 느껴봄으로 손의 감각
    을 통한 인지력을 향상시킨다.

준비물 : 행운목, 유리 용기, 블랙 마사토(화산석 대체), 색돌, 워터 소일, 장식
    소품, 리본 등

도입 : 수경재배의 유익한 점과 행운목에 대해 알아보고 꽃말에 따라 약속을 실
    행한 이야기를 알아본다.

전개 :

1. 행운목에 대해 설명한다.

2. 용기 바닥에 흑색 마사토를 깔아준 다음 행운목을 그 위에 얹는다.

3. 색 돌과 워터 소일로 채워준다.

4. 윗부분에 장식 돌을 넣어 준다.

5. 리본으로 유리를 장식하여 마무리한다.

6. 작품에 이름을 짓고 소개하며 서로의 작품을 칭찬하는 시간을 갖는다.

기대효과 :

1. 수경재배 식물 심기 활동을 통해 식물의 생장 과정을 관찰하며 반려 식물을
    키우는 재미를 느낄 수 있고, 실내에 장식함으로 가습효과를 얻을 수 있다.

2. 행운목을 비롯한 자신이 좋아하는 식물과의 대화를 통하여 정서적 교감을 이
    룰 수 있다.

3. 서로의 칭찬을 통해 자존감을 회복한다.

정리 :

  행운목(*Dracaena fragrans*)[1]은 백합과 식물로 아프리카 열대지역이 원산지이다.
최저 13℃에서 월동하며 2m 이상 자라는 관엽식물이다. 음이온을 발산하고 유독
물질을 제거하는 능력이 탁월하며 화장실의 암모니아 제거에도 효과가 있다. 꽃
말은 '약속을 실행하다'로 밤에 개화하고 낮에는 꽃을 닫으며 향기로 존재감을
알리는 꽃이다.

스칸디아 모스를 이용한 꿈나무 만들기 - 자신의 꿈을 표현해봐요

대상자 : 아동, 청소년, 성인, 노인
목표 : 정서적 안정감을 위해 사고와 정서 조절, 긍정적 자기상을 확립한다.
준비물 : 스칸디아 모스, 캔버스, 목공 풀, 네임 펜, 붓펜

도입 : 옆 사람과 눈을 바라보며 인사를 하고 2인 1조로 공감 게임을 한다.
　　　　(공감 게임은 한 사람이 눈을 감고 옆 사람이 인도하는 대로 A에서 B까지
　　　　펜으로 이동하는데 제대로 선을 따라 이동이 잘 되었을 때 둘의 공감
　　　　능력이 있다고 봄)

전개 :
1. 5년 후의 자신이 이루고자 하는 목표를 종이에 작성한다.
2. 원하는 색상의 스칸디아 모스를 선택하고 촉감을 느껴 본다.
3. 캔버스에 자신이 생각하는 꿈나무를 표현하고 자신의 목표를 작성할 공간 등
   을 머릿속으로 구상한다.
4. 그림과 글씨가 완성된 후 캔버스의 주변을 원하는 대로 꾸며준다.
5. 모스를 이용하여 나만의 꿈나무를 완성한다.
6. 자신의 작품을 소개하며 서로의 작품을 감상하고 칭찬과 격려하는 시간을 갖
   는다.

기대효과 :
1. 눈맞춤을 통해 타인을 인식하며 공감 게임을 통해 상대와의 공감도를 확인할
   수 있다.
2. 선택한 모스, 나무 기둥의 색과 모양을 통해 내면의 심리상태 및 성향을 알
   수 있다.(나무 기둥의 아랫 부분이 두터워야 안정적이라고 볼 수 있음)
3. 모스의 부드러운 촉감으로 안정감을 느낄 수 있다.
4. 주의 집중력, 과제수행력, 사고력, 성취감, 시 지각예술, 예술성을 고취 시킬
   수 있다
5. 칭찬과 격려를 통해서 성취감 및 자존감이 향상된다.
6. 언어 의사소통 영역, 사회정서 영역을 확대시킬 수 있다.

정리 : 감성 자극 이론(Ulrich & Parsons의 정신 생리학적 반응에 대한 이론으로
식물로 구성된 환경이 덜 복잡하고 인간의 환각성이나 자극을 감소 시킴으로서
스트레스를 감소시킨다는 이론)에 근거하여 부드러운 촉감의 스칸디아 모스를 이
용하여 꿈나무를 그려보게 한다. 나무는 자신의 기본적인 자기상을 나타내며, 자
신의 마음 상태에 대해 어떻게 느끼고 있는가를 무의식적으로 나타내고 정신적
인 성숙도를 나타낸다.

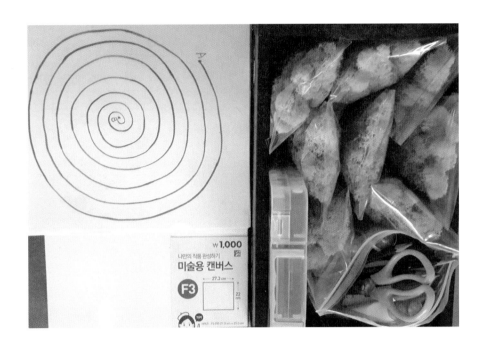

135

스칸디아 모스를 이용한 토피어리 만들기

대상자 : 초, 중등 학생, 노인, 일반인 등
목표 : 스칸디아 모스의 특성을 이해하고 토피어리를 만들며 정서 순화 및 평안
을 추구한다.
준비물 : 스칸디아 모스, 화분, 나뭇가지, 스폰지(원형, 사각), 가는 철사, 목공 풀,
피규어 등
도입 : 스칸디아 모스의 특징 및 실내 습도 조절 기능이 있음을 설명한다.
스칸디아 모스의 촉감을 느껴보며 어떠한 장식이 어울릴까 생각해본다.

전개 :
1. 스칸디아 모스에 대한 설명을 한다.
2. 화분에 사각 스티로폼을 넣으면서 목공 풀로 고정하고 원형 볼에 나뭇가지를
꽂는다.(용기에 커피 말린 가루를 채워 흙처럼 표현하기도 함 - 그림 좌)
3. 원형 스티로폼에 모스를 핀으로 돌려가며 고정하고 사이사이 공간은 목공 풀
을 발라 모스를 채워서 둥글고 예쁘게 다듬어 준다.
4. 피규어 장식으로 아름답게 꾸민다.

기대효과 :
1. 스칸디아 모스의 특성 및 실내 습도 조절 기능을 안다.
2. 촉감을 느끼며 작품을 완성하므로 소근육 및 집중력을 향상시킨다.
3. 완성된 작품으로 성취감 느끼고 다를 인테리어 작품을 만들 수 있다.
4. 다른 사람의 작품을 감상하며 서로 칭찬하는 가운데 자존감을 높일 수 있다.

정리 : 스칸디아 모스의 관리법
직접 물을 뿌려주지 않으며 모스가 마를 때는 습도가 높은 화장실에 두면 된다.

스칸디아 모스를 이용한 장식화분 만들기

대상자 : 초, 중등 학생, 일반인, 노인 등
목표 : 스칸디아 모스의 특징을 이용해 창의적인 작품을 만듦으로 성취감, 자존
감 높일 수 있다. 좋아하는 색을 선택하여 만져봄으로 정서 순화에 도움
이 된다.
준비물 : 스칸디아 모스(여러 가지 색), 화분, 부직포, 프리저브드 수국, 안개,
시네신스, 장식품(울타리, 버섯, 이름표)
도입 : 스칸디아 모스의 특징과 인테리어 소품으로 생활 주변에서 많이 쓰이고
있음을 설명한다.
전개 :
1. 스칸디아 모스의 좋아하는 색깔을 세 종류씩 선택하게 한다.
2. 스칸디아 모스의 촉감을 느껴보게 한다.
3. 장식용 화분에 통풍이 되도록 부직포를 깔아준다.
4. 좋아하는 모스를 화분 안에 아름답게 배치한다.
5. 포인트로 프리저브드 수국을 꽂아주고 시넨시스와 안개도 어울리게 배치한다.
6. 여러 가지 소품을 이용하여 아름답게 장식한다.
7. 리본을 접어 빈 곳에 꽂는다.
8. 이름표에 메시지를 적어 꽂은 후 감상하는 시간을 갖는다.
기대효과 :
1. 스칸디아 모스의 색감과 부드러운 촉감을 통해 정서 순화에 도움이 된다.
2. 완성된 작품으로 성취감을 느낄 수 있다.
3. 사랑의 메시지를 적어 선물함으로 나의 감정을 전할 수 있다.
정리 : 스칸디아 모스는 북유럽 지방에서 채취되는 이끼로 천연 미네랄로 염색한
것으로 공기정화 및 습도 조절 기능이 있다. 친환경적인 인테리어 소재로 유해물
질 흡수 및 방충, 탈취기능이 있어서 실내 인테리어 소재로 많이 쓰이고 있다.
실내가 건조하여 모스가 마른 느낌이 들 때 습도가 높은 곳에 두면 원상 복귀된
다. 그러나 직접 물을 스프레이하면 안 된다.

스칸디아 모스를 이용한 액자 만들기 I - 캔버스 이용

대상 : 초, 중 고등학생, 일반인 등(장애인 포함)
준비물 : 스칸디아 모스, 액자(캔버스), 나뭇가지, 목공 풀, 핀셋, 가위, 등
목표 : 스칸디아 모스의 특성을 이용하여 창의적인 작품을 만들 수 있다.
　　　모스의 실내 습도 조절 및 여러 기능을 이해한다.
도입 : 스칸디아 모스의 생육과 장점 및 관리에 대하여 설명하고 모스를 이용한
　　　장식품을 알아본다.(모스의 실내 습도 조절 기능 이해)

전개
1. 스칸디아 모스에 설명:
　스칸디아 반도에서 자생하는 천연이끼로 순록의 먹이가 되기도 하며 공기 중에
　떠다니는 유해 물질을 흡수, 정화, 눈의 피로를 완화 시킨다.
　암모니아 제거에 효과적, 곰팡이, 해충, 진드기 생기지 않으며 물을 별도로 줄
　필요 없다.
2. 나무줄기를 표현하기 위해 나뭇가지를 적당하게 줄기 모양으로 자른다.
3. 캔버스에 나무를 표현할 부분에 목공 풀을 칠한다.
4. 캔버스의 줄기 부분을 나무로 붙인다.
5. 모스로 나무의 질감을 살려가며 붙인다.
6. 원하는 모양의 나무가 되었는지 살펴서 모스를 붙여서 모양을 잘 다듬어 가며
　마무리한다.
7. 나무에 이름을 붙여주고 함께 감상하는 시간을 갖는다.
8. 서로의 작품을 칭찬하며 어디에 장식할 것인지 이야기한다.

기대효과 :
1. 스칸디아 모스의 생육에 대하여 이해할 수 있다.
2. 손의 미세 근육 운동을 통하여 관절 가동범위가 향상되며 집중력이 향상된다.
3. 스칸디아 모스의 부드러운 촉감을 통해 촉각적 재미를 느낄 수 있다.
4. 공기정화와 습도 조절(제거) 효과를 기대할 수 있다.
5. 완성된 작품으로 성취감을 갖게 된다.

정리 :
스칸디아 모스는 극지방에서 자라는 이끼를 재가공한 것으로 공기정화와 습도
조절의 기능을 유지한 인체에 해가 없는 친환경 천연재료로 알려져 있다.
스칸디아 모스를 이용한 여러 작품을 알아보며 다른 사람들의 작품을 감상하는
시간을 갖고 서로 칭찬함으로 자존감 향상에도 도움을 줄 수 있다.

• 장애인의 경우 조를 만들어 협업하게 하며 칼이나 가위의 사용이 위험하게
생각이 될 경우에는 보조원 등이 도움을 줄 수 있다.
스칸디아 모스는 여러 색상을 준비하여 좋아하는 색을 고르게 하는 것도 좋으며
조금씩 다른 색을 서로 나눠서 작품을 만드는 과정에 사회성도 키울 수 있으며
캔버스의 바탕 면을 스칸디아 모스로만 장식하여 액자를 만들 수도 있다.

스칸디아 모스를 이용한 액자 만들기 II - 액자 틀 이용

대상자 : 초, 중등 학생, 성인, 주부, 노인 등

목표 : 스칸디아 모스를 이용한 액자나 인테리어 소품을 만들 수 있으며 천연 재료인 스칸디아 모스를 활용한 체험 및 창작활동을 통해 자연 친화적인 감수성 함양을 도모한다.

준비물 : 스칸디아 모스, 원목 액자, 프리저브드 플라워(수국, 스타플라워,) 나뭇가지, 기린 피규어, 목공용 풀 등

도입 : 스칸디아 모스에 대하여 설명하고 만져보며 촉감을 느낀다.

전개 :

1. 원하는 색상의 스칸디아 모스를 선택하게 한다.
2. 스칸디아 모스의 잡티를 제거한다.
3. 액자 바닥 부분에 목공용 풀을 바른 후 내추럴 컬러의 모스를 붙여준다.
4. 나뭇가지를 먼저 붙여주고 전체적인 나무의 모습이 되도록 모스를 붙여 나간다(짙은 색을 먼저, 연한 색을 그 위에 도톰하게 붙여주면 볼륨감 있는 나무 모습이 된다)
5. 수국 꽃잎을 하나씩 분리하여 모스로 만든 나무 위에 목공 풀로 붙여준다.
6. 작은 꽃을 나무 아래에 붙여주고 기린 피규어도 목공 풀로 붙여 마무리한다.
7. 서로의 작품을 칭찬하며 선물을 할지 혹은 어디에 둘지 발표해 본다.

기대효과 :

1. 완성된 작품을 통해 성취감을 느낀다.
2. 손과 눈의 협응력과 집중력이 향상된다.
3. 촉감을 느끼는 감각 체험을 통해 심신의 안정감을 느낀다.
4. 공기정화와 습도 조절 효과를 기대할 수 있다.
8. 꽃의 아름다운 배합으로 색채감각이 향상된다.

정리 :

스칸디아 모스의 부드러운 촉감과 불규칙한 자연스러운 색감으로 편안하게 심리적 안정감을 주는 원예치료 활동에 적합하다. 실내가 건조할 경우 스칸디아 모스가 마를지라도 직접 물을 주면 안 되며 습도가 높은 곳에 두면 자연적으로 회복이 된다.

프로그램을 진행할 경우 재료를 셋트로 구입하면 편리할 수 도 있고 양이 많으면 두 사람이 쓸 수도 있어 경제적이다.

스칸디아 모스를 이용한 이젤 액자 만들기 - 해변으로 가요

대상자 : 초, 중등 학생, 성인, 노인 누구나
목표 : 스칸디아 모스의 기능을 알고 실내 인테리어 작품을 만들 수 있다.
　　　　바닷가를 연상하며 추억을 회상하여 정서적 안정을 취한다.
준비물 : 스칸디아 모스, 캔버스, 이젤, 코르크 클레이, 조개, 목공 풀

도입 : 스칸디아 모스의 기능 및 이용에 대하여 설명한다. 스칸디아 모스를 이용
　　　한 인테리어 소품에 대하여 알아본다.

전개 :

1. 스칸디아 모스의 잡티를 제거한다.
2. 스칸디아 모스를 손으로 만져 부드러운 촉감을 느껴본다.
3. 캔버스의 아랫부분에 코르크 클레이를 붙여 바닷가의 모래사장을 연출한다.
4. 캔버스에 목공 풀을 붙이고 스칸디아 모스의 색감을 달리하여 붙여서 바다의
   파도를 연출한다.
5. 클레이를 붙인 부분에 조개껍질 등을 붙여서 바닷가의 모습을 연출한다.
6. 완성된 액자를 이젤에 올려서 감상하는 시간을 갖는다.
7. 서로의 작품을 칭찬하는 시간과 바닷가의 추억을 이야기하는 시간을 통해
   정서적으로 편안함과 친근감을 갖게 한다.

기대효과 :

1. 작품을 완성하는 과정에 집중력 향상 및 소근육의 향상을 기대할 수 있다.
2. 공기정화와 습도 조절 효과를 기대할 수 있고 인테리어 기능이 있음을 안다.
3. 바닷가의 아름다운 추억을 회상함으로 심리적 안정감이 향상된다.
4. 칭찬을 주고 받는 과정을 통해 친밀감과 자존감이 향상된다.

정리 :

 스칸디아 모스는 스칸디아 반도에서 자생하는 천연이끼로 순록의 먹이가 되기
도 하며 천연 미네랄 가루로 염색한다.
공기 중 유해 물질 흡수, 공기정화, 눈의 피로를 완화시키고, 새집증후군에도 효
과가 있으며, 암모니아 제거, 곰팡이, 해충, 진드기가 생기지 않으며 가습, 제습,
탈취(신발장 안) 기능이 있다.
실내가 건조하여 스칸디아 모스가 너무 말랐을 때에도 물을 주면 안 되고, 화장
실 등 습기가 있는 곳에 두면 원래 상태로 회복된다.
 스칸디아 모스의 짙은 색을 먼저 붙이고 연한 색을 나중에 붙여주면 자연스럽게 파도의
연출이 가능하다.(위)
 약간의 스칸디아 모스와 프리저브드 플라워를 사용하여 이젤에 장식하면 아름
다운 공간장식품의 제작이 가능하며 이젤의 여백 부분에 캘리로 사랑의 메시지
를 적어서 선물하면 좋은 추억의 선물이 될 수 있다.(아래)

스칸디아 모스와 프리저브드 플라워를 이용한 이젤 액자 만들기

144

식물 분갈이하기 - 가시 없는 여름 참두릅(木頭菜) 이식하기

대상자 : 치유 프로그램 참여자 모두
목표 : 여름 참두릅을 큰 화분에 이식하며 식용방법, 재배법, 영양성분 등을 설명
　　　하고 텃밭 원예 치유의 중요성을 알게 한다.
준비물 : 여름 참두릅 묘목, 마사토, 배양토, 비닐장갑 등
도입 : 친환경 텃밭에 산채 나물의 가꿈을 통해 치유의 중요성을 알아본다.
전개 :
1. 치유 텃밭에 관해 이야기한다.
2. 여름 참두릅에 대해 설명한다.
3. 화분 밑에 참나무 피 부엽토를 일정량 넣어 줘서 배수가 용이하게 한다.
4. 식물을 포트에서 분리 후 뿌리의 생육상태를 관찰한다.
5. 화분에 두릅나무 묘목을 넣고 배양토를 손으로 누르며 채워준다.
6. 식재한 화분 위는 마사토를 깔아 마무리한다.
7. 식물의 관리법을 설명한다.(시비 및 관리법)
기대효과 :
1. 포트의 묘목을 잘 이식할 수 있다.
2. 다년생 산채 나물의 텃밭 재배의 중요성을 알게 된다.
3. 치유 임산물을 통한 여름 두릅나무의 중요한 영양성분을 알게 된다.
4. 채취 시기, 재배관리, 번식 방법 등을 안다.
5. 치유 텃밭의 중요성과 생산량의 증가에 대해 알게 된다.
정리 : 텃밭 치유정원을 통해 자가 면역력을 증진 시킨다. 여름 참두릅은 일본이 원산지로 산채의 제왕이라 불리 울 만큼 영양분이 풍부하여 몸의 피로를 풀어주고 몸에 활력을 불어넣어 준다. 6-10월경에 수확하며 최근 치유농장에서 재배가 많이 이뤄지고 있다. 여름 참두릅을 노지에 이식 시 둑을 만들어 배수를 좋게 해야 함이 가장 중요하다. 2-3년 후 뿌리를 20cm 정도 잘라서 고구마 심는 방법으로 심으면 된다. 봄에 지상부의 10 cm 정도에서 잘라주면 많은 줄기가 형성됨.

1. 텃밭 · 정원 가꾸기의 이해[7)]

1) 치료적 원예활동의 특성

원예는 선호도가 높은 익숙한 활동의 형태로, 긴장을 완화시키고 스트레스를 감소시키며 외부 환경에 대한 지각을 증진시키는 등의 치료적 중재 기능이 있다. 또한 식물의 생육을 돌보는 과정에서 자발적인 치유 특성이 있다. 원예프로그램에서 원예활동은 보완 대체요법으로서의 치유적 특성을 지니게 되므로 다음과 같은 활동 계획이 필요하다.

① 결과물이 아닌 과정에 초점을 맞추는 활동이어야 한다.
② 목적 없이 과정이나 결과물이 복잡한 활동은 지양한다.
③ 참여자의 협력을 이끌고, 진행자 의도대로 실행되어야 한다.
④ 식물이 재배 대상이 아닌 양육과 돌봄이 필요한 대상이라는 인식이
　있어야 한다.
⑤ 참여자의 다양한 요구를 반영해야 한다.
⑥ 체계적, 단계적, 조직적이어야 한다.

2) 텃밭 · 정원 가꾸기의 치료적 의의

① 생명에 대한 관심(번식과 재배 활동 체험을 통해)
② 미래에 대한 희망(씨앗으로부터 식물의 생장을 통해)
③ 오감 자극을 통한 계절 감각의 수용
④ 긍정적인 사고계발
⑤ 식물의 생활사 이해(식물과 사람의 life cycle 이해)
⑥ 원예 활동의 지속적인 동기 부여
● 장애인 : 새 생명을 재배하는 과정에서 부정적이고 우울한 사고에서 벗어남
● 고령자 : 새 생명에 대한 기대감을 갖게 하는 수단이 될 수 있음
● 어린이 : 식물의 생활사 경험, 생장과 발달을 이해할 수 있는 기회로 활용됨
● 일반주부, 직장인 : 원예활동을 지속할 수 있는 자극과 동기 제공

2. 텃밭 · 정원 가꾸기의 활동 계획 : 좋아하는 텃밭 · 정원 고르기

① 주제 정원(나비 정원, 샐러드 정원, 피자 정원, 무지개 정원 등)
② 씨앗으로부터 시작하여 텃밭 · 정원까지(씨앗 파종, 식물 이식 및 정식)
③ 텃밭 · 정원 안내하기(안내 sign Pop 제작)
④ 텃밭 · 정원 관리하기(양육과 돌봄, 잡초 제거, 관수 등)
⑤ 수확 활동(화전 및 식용 꽃 비빔밥 등)
⑥ 가든파티의 시작(압화 초대장 준비 및 장식 바구니 등)

식물 분갈이하기 - 큰 집으로 이사

대상 : 초 중등 학생, 일반인, 노인
준비물 : 각종 식물, 마사토, 배양토, 화분, 장식 돌
목표 : 식물의 이식에 대한 의미를 나의 삶과 연관 지어 생각하고, 식물이 잘 살 수 있도록 사랑을 담아 집중하여 이식할 수 있다.
도입 : 식물의 공기정화 기능에 대해 설명하며 식물의 분갈이의 필요성을 사람의 life cycle과 비교하여 이야기한다.

전개 :
1. 분갈이 할 식물의 특성 및 재배법에 대해 이야기한다.
2. 포트의 아래 구멍 쪽으로 뻗은 뿌리를 관찰한다.
3. 화분 갈이의 방법을 설명하고, 화분 밑에 그물망 등을 깔아서 흙이 빠져나가지 않게 한다.
4. 물 빠짐을 원활하게 하기위하여 약간 굵은 마사토를 깔고, 그 위에 피트모스와 버미큘라이트를 섞은 것을(혹은 배양토) 화분의 1/3정도 넣는다.
5. 화분의 표면을 눌러가며 식물이 포트에서 잘 빠져나오게 한다.
   (이식 전날 물을 주면 화분에서 식물이 잘 분리된다)
6. 화분에서 조심스럽게 식물을 꺼내서 심고 여백 부분은 배양토로 채운다.
7. 화분 윗부분에 마사토 등으로 마무리하고 돌로 장식한다.
8. 물 관리 방법을 설명한다.
9. 잘 자라도록 따뜻한 말을 식물에게 해준다.
10. 분갈이한 소감을 자신의 삶과 관련지어 이야기한다.

기대효과 :
 1. 식물이 우리 생활에 미치는 효과와 중요성에 대해 알고, 포트에 심겨진 식물을 잘 옮겨 심을 수 있다.
 2. 식물의 특성 및 원산지에 대하여 안다.
 3. 식물이 우리 생활에 미치는 영향을 알고 생활 속에서 즐긴다.
 4. 화분 갈이와 물을 주는 방법을 알고 집안의 식물에 대해서도 애정을 갖게 된다.
 5. 화분 갈이 과정에서 손의 기민성과 식물에 대한 사랑을 익힌다.
 6. 식물의 분갈이의 효과 및 분갈이의 시기에 대하여 알게 된다.
 7. 식물도 적절한 시기에 이식하면 더 잘 자랄 수 있음을 안다.

정리 : 분갈이는 오랫동안 하지 않으면 화분이 흙의 통풍과 배수가 나빠져서 뿌리가 썩게 되므로 식물이 잘 성장할 수 있도록 이식해줘야 한다. 시기를 아는 방법은 뿌리가 밖으로 삐져나오거나, 배수가 원활하지 않을 때, 잎이 이유 없이 누렇게 될 때, 화분에 비해 식물이 너무 클 때 등을 관찰해야 한다.

새집으로 옮겨준 식물의 모습

양치류(에버잼 고사리)   칼랑코에

산호수

수선화와 히야신스   고무나무   다육식물

tip : 구근류는 알뿌리가 보이게 심는 것 주의하며 분갈이 한 식물은 일주일 정도 그늘에서 순화시켜야 한다.

식물 이식(남천) - 나를 찾아가는 길

대상자 : 감성적 치유가 필요한 청소년, 노인, 장애인 등
목표 : 이식한 화분에 이름을 붙여 불러주며 나를 찾아가는 시간을 갖는다.
준비물 : 남천 묘목, 화분, 가위, 네임펜(색깔 있는 것), 네임텍
도입 : 지금 나는 누구인가? 나는 어떻게 불리고 싶은가? 부르고, 불리고 싶은
　　　　　이름에 대하여 이야기한다.

전개 :
현재 사람들은 나를 어떻게 부르고 있나요?
1. 자신이 불리는 단어를 말하고 설명한다.
2. 내가 불리고 싶은 단어(이름)를 이야기하고 설명한다.
3. 네임텍 뒷면은 좋아하는 단어(글귀)를 쓰고 앞면에는 나의 이름을 쓴다.
4. 화분에 마사토를 깔고 남천 묘목을 중앙에 올려 배양토로 잘 심어준 후 마사
　 토로 마무리한다.
5. 남천 나무의 꽃말(전화위복)을 설명한다.
6. 완성된 남천 나무에 네임텍을 붙여주고 이름을 불러준다.

기대효과 :
1. 나의 이름을 찾고 자존감이 향상된다.
2. 화분에 네임텍을 만들며 정서 순화의 효과가 있다.
3. 식물을 이용한 원예 심리치료를 통해 다양한 감정표현을 향상시킨다.
4. 식물과의 관계를 통해 생명현상을 이해한다.
5. 자신의 존재가치를 일깨워 삶의 질을 향상시킬 수 있다.

정리 :
　반려 식물을 키움으로 사고력과 정서 순화에 도움이 될 수 있다.
남천^{f)}은 매자나무과의 상록성 관목으로 중국, 일본지역에 자생하며 우리나라 남
부 지역에서 정원의 관상용으로 재배되고 있다.
수고는 1.5-2.0m 정도이며 꽃은 양성으로 6-7월 백색 꽃이 핀 후 10-11 월 경
둥근형의 적색의 열매가 달려 관상 가치가 높다.
발아율은 60% 정도로 당년 파종보다는 종자를 저장 후 파종하는 것이 발아율이
높으며 이식은 발아가 늦기 때문에 보통 1년 후에 한다.

식물 이식 - 무화과나무 반려 식물

대상자 : 초, 중등 학생, 일반인, 노인 등 누구나
목표 : 반려 식물에 대한 인식과 무화과나무의 이식 방법을 터득하여 반려 식물
을 통한 정서적 교감을 경험한다.
준비물 : 화분, 무화과나무 묘목, 마사토, 난석, 배양토, 이름표, 네임펜 등
도입 : 반려 식물의 중요성과 식물 이식의 필요성을 이야기한다.

전개 :

1. 무화과나무의 특성 및 재배 방법에 대하여 설명한다.
2. 화분 바닥에 마사토를 깔아 배수층을 만든다.
3. 배양토를 조금만 넣어 주고 식물을 포트에서 빼서 화분 중앙에 올린다.
4. 여백 부분에 배양토를 넣어가며 단단히 심어준다.
5. 화분 윗부분은 난석을 마무리한다.
6. 물주기와 관리 방법을 설명한다.
7. 각자의 반려 식물에 이름을 짓고 각자 지은 이름에 대하여 이야기하는 시간을
갖는다.

기대효과 :

1. 식물 이식의 필요성과 물주는 방법을 알게 된다.
2. 식물에 관심을 갖게 되고 반려 식물을 잘 돌볼 수 있다.
3. 식물의 분갈이 시기를 알고 적절하게 이식하면 잘 자랄 수 있음을 안다.
4. 무화과의 효능과 섭취 방법에 대하여 알게 된다.

정리 : 무화과[10]는 뽕나무과의 낙엽성 관목으로 서부 아라비아와 지중해 연안이 원산지다. 인류가 재배한 최초의 과일 중 하나로 '신들의 과일'로도 불린다. 열매는 다수의 영양소가 함유되어 있으며 항염, 항산화, 항암 등에 효과가 있다. 열매는 새로운 가지에서 달리게 되므로 가지치기가 필수적이며 통풍과 햇빛이 좋은 곳에 화분을 두고 물은 듬뿍 주되 과습은 피한다. 새잎이 쉽게 나오며 가지를 잘라 삽목하면 쉽게 번식된다.

식물 이식 - 서양란 옮겨심기

대상자 : 중등 학생, 일반인
목표 : 서양란을 옮겨 심는 과정을 통하여 정서 순화 및 소 근육 발달을 기대 하
며 서양란의 생육 특성을 안다.
준비물 : 서양란(호접란 또는 팔레놉시스), 화분, 망, 난석, 바크 등
도입 : 간단한 자기소개와 인사로 분위기를 밝게 하여 라포형성이 되게 한다.
동양란과 서양란을 비교 설명한다.
전개 :

1. 호접란(팔레놉시스)을 화분에서 분리하여 묵은 수태 및 뿌리를 정리한다.
2. 화분에 망을 깔아주고 난석을 조금 깔아준다.
3. 서양란을 중심에 뿌리를 펴서 넣어 준 다음 바크를 채워준다.
4. 화분에 품종명이나 사랑의 메시지를 써서 마무리한다.

기대효과 :
1. 개화기가 긴 서양란을 집안에 장식하여 집안 분위기를 화사하게 할 수 있다.
2. 두렵게 생각한 난의 분갈이 법을 알 수 있다.
3. 선물할 경우 사랑을 전할 수 있으며 자존감이 회복될 수 있다.

정리 : 봄에서 가을까지는 충분히 관수하고 겨울에는 완전히 말랐을 때 관수 한다. 동양란 : 아름다운 선과 소박한 꽃의 은은한 향기를 음미한다.
서양란 : 향기는 미약하나 화려한 꽃 색이 아름다우며, 다시 꽃을 피우기 위해서는 조금 일찍 꽃대를 잘라내고 영양 관리를 하며 18℃ 정도에서 1-2개월 동안 두면 다시 개화가 가능하다.
호접란 꽃말 : 행복이 날아옵니다. 당신을 사랑합니다.
주의사항 : 과습 주의(봄~가을 7-10일마다, 겨울에는 한 달에 1-2회 물주기)

식물 이식하기(아이비를 이용한 하트모양의 반려 식물 만들기)

대상자 : 사랑의 마음을 표현하고 싶은 모두(학생, 어르신)
준비물 : 아이비, 토분, 용토, 착색 이끼, 분재용 철사, 작은 팻말, 버섯, 돌, 리본.
목표 : 식물의 특성을 살려 사랑의 메시지를 전한다.
　　　 자라는 과정을 관찰하며 정서 순화, 집중력 및 구성 능력을 높인다.
도입 : 마음 열기 및 아이비 식물에 대한 설명과 사랑의 메시지를 전할 대상자를
　　　 생각한다.
전개 :
1. 토기 화분의 배수 구멍을 망으로 덮어 준다.
2. 마사토를 깔아 배수가 원활하게 한다.
3. 코코피트, 펄라이트, 질석이 함유된 용토를 넣어 준다.
4. 아이비 화분의 흙을 조금 털어내고 뿌리를 정리한 후 심어준다.
5. 분재용 철사로 하트모양을 만들고 철사가 흔들리지 않게 깊이 꽂아 준다.
6. 아이비의 줄기를 철사에 고정시켜 하트 모양으로 유인한다.
7. 착색 이끼를 펴서 화분 위를 깔아 식재를 마무리한다.
8. 하트모양의 중심에 리본을 매달아 준다.
9. 버섯, 돌을 얹고 팻말에 사랑의 메시지를 적는다.
10. 작품을 소개하며 칭찬의 시간을 갖는다.
기대효과 :
1. 아이비의 공기정화 기능을 알며 소근육의 발달을 기대할 수 있다.
2. 사랑의 메시지를 작성하는 과정에서 수업의 흥미와 집중력이 향상된다.
3. 잎이 자라는 과정을 통해 관찰력 및 성취감을 느낄 수 있다.
4. 하트모양을 만드는 과정을 통하여 구성 능력이 향상된다.
정리 : 아이비의 관리요령(직사광선 피하고 공중습도를 위해 2-3일에 한 번씩 분
무). 손이 자유롭지 못한 대상자는 분재용 철사의 휘는 것을 도와주며 2인 1조로
작업해도 좋다.

식물(호야) 분갈이하기 - 새집으로 이사해요

대상자 : 초, 중등 학생, 일반인, 노인 등
목표 : 호야의 관리법을 알아보고, 정서 순화 및 소 근육 발달시킨다.
준비물 : 호야, 마사토, 배양토, 화분, 네임텍

도입 : 이사한 경험에 대하여 이야기하며 공감대를 형성한다.
　　　식물도 자람에 따라 이식의 필요성이 있음을 설명하고 식물을 길러본 경험에 대하여 이야기한다.

전개 :
1. 식물(호야)의 특성, 번식 및 관리 방법에 대하여 설명한다.
2. 마사토와 배양토를 만져봄으로 흙의 촉감을 느껴본다.
3. 화분의 구멍에 망을 깔아준다.
4. 화분 바닥에 마사토를 깔아 배수가 원활하게 한다.
5. 배양토를 화분의 1/3정도 넣어 준다.
6. 호야를 포트에서 분리하여 묵은 흙을 가볍게 털어주고 시든 잎도 정리한다.
7. 화분에 호야를 넣고 남은 배양토로 눌러가며 잘 심어준다.
8. 마사토를 덮어서 마무리하고 네임텍에 사랑의 메시지를 써서 꽂아 준다.

기대효과 :
1. 식물과 사람의 life cycle을 이해하고 적당한 시기에 분갈이해야 함을 알게 된다.
2. 식물의 기능을 통한 실내장식의 의미와 건강증진의 효과를 안다.
3. 이식과정을 통하여 손의 기민성이 향상된다.
4. 완성된 작품으로 성취감을 갖고 선물했을 때의 정서적 교감을 얻게 된다.
5. 식물을 적절한 시기에 분갈이 해줌으로 더 잘 자랄 수 있음을 안다.

정리 :
　호야[1]는 다육식물로 햇빛을 좋아하며 다육식물 가운데서 물을 좋아하는 식물이다. 배수가 잘 되는 흙으로 분갈이하며 겉흙이 말랐을 때 물을 충분히 준다. 통풍이 잘되어야 하며 길게 자란 줄기에서 꽃대가 형성되므로 긴 줄기는 잘라내지 말아야 한다. 꽃이 진 후에도 자르지 않으면 다시 그 줄기에서 꽃이 핀다. 줄기를 잘라 삽목하면 번식이 잘 된다.

식물(홀리 페페로미아) 분갈이하기

대상자 : 복지관 어르신
목표 : 식물을 분갈이하며 나의 삶과 연관 지어 생각하고, 옛 추억을 회상하는
　　　 시간을 통하여 인지능력과 치매 예방효과를 갖는다.
준비물 : 홀리 페페로미아, 토분, 그물망, 마사토, 배양토, 이름표, 막대 등

도입 : 화양연화의 뜻을 살펴보고 나의 인생에서 가장 아름답고 행복한 시절을
　　　 회상하는 시간을 갖는다. 식물 이식의 필요성을 우리의 인생과 비교하여
　　　 설명한다.

전개 :
1. 홀리 페페로미아의 이름을 익히고 꽃말, 재배 방법을 설명한다.
2. 화분의 밑에 그물망을 깔아서 토양이 빠져나오지 않게 한다.
3. 물 빠짐이 원활하도록 마사토를 깔고 약간의 배양토를 넣어 준다.
4. 포트의 겉면을 눌러가며 식물을 포트에서 뺀다.(전날 물을 주면 포트에서 식물
　 이 잘 빠진다.)
5. 화분에 식물을 잘 눌러가며 심어준다.

6. 식물을 심은 화분 위를 마사토로 잘 마무리 해 준다.
7. 이름표를 써주고 이면에 좋아하는 말 쓰게 한다.

기대효과 :
1. 과거를 회상하는 시간을 가짐으로 기억력이 회복되고 행복감으로 정서 순화에 도움이 된다.
2. 식물 심기와 물주는 방법을 터득하므로 집안에서도 원예활동을 할 수 있다.
3. 분갈이 과정에서 손의 기민성과 식물에 대한 사랑을 느낀다.
4. 식물도 너무 크면 분갈이 해 줘야 함을 알며 우리 삶을 되돌아볼 수 있다.

정리 :
  홀리 페페로미아[3]는 열대, 아열대, 온대에 자라는 후추과 식물로 8-10℃ 에서 월동하며 실내에서 기르기 쉬운 관엽식물로 삽목 등 영양번식법으로 번식한다. 화양연화(花樣年華)는 인생에서 가장 아름답고 행복한 시간을 말하므로 프로그램 진행 시 어르신들의 화양연화는 언제였는지를 회상하여 인지력의 회복을 돕는 회상치료의 효과가 있다.

식충식물 분갈이 - 독특한 구조 흥미로워요

대상자 : 초, 중등 학생
목표 : 여름철에 유용한 식충식물인 퍼포리아를 심고 가꾸면서 식물에 대한 호기심과 식충식물의 생활사를 이해한다.
준비물 : 식충식물(퍼포리아 사라세니아), 화분, 마사토, 배양토, 작은 돌 등

도입 : 식충식물을 어떻게 살아가는지 호기심을 유발하며 여러 종류의 식충식물의 사진을 보여 준다.

전개 :

1. 식물의 모양을 관찰하여 곤충이 빠졌을 때 절대 나올 수 없는 구조를 살펴본
   다.
2. 거름망을 이용하여 화분의 구멍을 막는다.
3. 물 빠짐을 원활하게 하기 위하여 화분 바닥에 마사토를 넣어 준다.
4. 마사토 위에 배양토를 약간 넣어 준다.
5. 식물을 포트에서 꺼내서 새로운 화분에 옮겨 심는다.
6. 식물이 잘 고정될 수 있도록 배양토를 다져가며 넣어 준다.
7. 작은 돌이나 마사토로 윗부분을 마무리한다.
8. 식충식물을 관찰하고 이식해본 소감 등을 이야기해본다.

기대효과 :

1. 식충식물의 여러 종류를 알게 된다.(네펜데스, 끈끈이주걱, 파리지옥 등)
2. 계절에 유용한 식충식물을 관찰하며 식물에 대한 호기심을 높인다.
3. 식충식물의 독특한 특성을 이야기하며 식물이 살아가는 다양한 방법을 알고
   가족 간에도 대화거리를 제공하여 관계 형성에 도움을 준다.

정리 : 식충식물이란 식물의 독특한 구조로 벌레를 잡아서 소화효소를 분비해서
양분을 흡수하여 살아가는 식물로 모양이 독특하여 어린이나 청소년들에게 흥미
로운 식물이다. 퍼포리아는 습지 태생이므로 물을 마르게 하면 안 되며 직사광선
을 피해야 한다.

아쿠아 테라리움 만들기 - 나이 드는 것도 좋군요!

대상자 : 50대 갱년기 여성
목표 : 아쿠아 테라리움의 식재를 통해 생활의 활력과 여가 활용의 기회를 제공함으로 갱년기 여성의 스트레스를 경감시킨다.
준비물 : 유리 용기, 수경식물(테이블야자, 피토니아(화이트스타, 레드스타), 아이비, 자갈(색 돌, 흰 돌), 가위 등
도입 : 나이 듦에 대한 생각을 서로 나눠보고 이야기한다.
(나이 들어 좋은 점을 중심으로)

전개 :
1. 식물 이름과 꽃말, 특성에 대하여 설명한다.
2. 테라리움의 원리에 대하여 설명한다.
3. 화분에서 식물을 분리하여 뿌리를 깨끗이 씻고 묵은 뿌리는 정리한다.
4. 용기에 식물을 식재할 공간을 디자인해본다.
5. 중심에 식물을 세우고 굵은 자갈로 고정시킨다.
6. 남은 식물도 중심 식물과 잘 어울리게 배합하여 색 돌로 고정시킨다.
7. 흰 돌과 색 돌을 잘 배치하되 식물의 뿌리가 드러나지 않게 한다.
8. 뿌리만 물에 잠길 정도로 물을 부어 준다.(잎이 물에 잠기지 않도록)

기대효과 :
1. 사용된 식물의 이름 및 특성을 알 수 있다.
2. 창의적인 작품의 완성으로 미적 감각을 발견하여 자존감을 높일 수 있다.
3. 취미나 여가 활용을 통한 자기 계발의 계기를 제공한다.
4. 테라리움이라는 생소한 작품을 만듦으로 활동의 흥미와 참여도를 높일 수 있다.

정리 :
갱년기의 심리적, 정신적인 스트레스 상황을 의도적으로 개선하기 위한 방법으로 여러 프로그램에 참여하여 대화함으로 긍정적인 변화를 이끌어 낼 수 있음을 알게 한다. 완성된 작품 속 식물이 상처가 나지 않도록 잘 관리하는 것처럼 나 자신도 지속적으로 관리할 수 있도록 지지해준다.
● 피토니아[1]는 남아메리카 원산의 쥐꼬리망초과로 음이온 발생량이 많으며 습도 발생량도 좋은 식물로 공부방에 배치하면 집중력을 도와준다. 실내에서 기를 때에는 직사광선이 들지 않는 곳에 두는 것이 좋다. 또한 요즘 같은 겨울철 건조한 실내에 두면, 실내 습도가 증가에 효과가 있다.

압화(pressed flower :누름 꽃)란?[13]

식물체의 꽃잎이나 잎, 줄기 등을 누름 건조 시킨 후 회화적인 느낌을
강조하여 구성한 조형예술, 즉 식물체의 꽃이나 줄기를 눌러서 말린 후에
아름다운 작품을 만드는 것을 말한다.

1. 압화의 쓰임새
책갈피, 카드, 손거울, 양초 장식, 열쇠고리, 악세사리, 부채, 보석함
도자기, 액자, 가구 등 일상생활 용품에도 다양하게 쓰인다.

2. 좋은 압화 재료
- 너무 두껍지 않을 것(바이올렛, 해당화)
- 색이 선명한 것(할미꽃, 장미(홀 장미), 코스모스)
- 변화가 많은 꽃일수록 좋다(수국)
- 수분량이 적은 것(바베나, 기생초)
- 오렌지색, 자색, 붉은색 등의 꽃이 좋다.
- 기타 흰 색으로 염색이 용이한 것(조팝나무 등)

3. 식물채집
우리 주변에서 흔히 볼 수 있는 식물도 훌륭한 재료가 되며, 식물의 모습을
관찰하면서 식물의 아름다움을 느낄 수 있다. 또한 채집 과정에서
아름다운 자연의 세계와 새로운 만남을 갖을 수 있다.

4. 절화의 채집

꽃가게에서 사는 생화로 꽃의 색이 선명하고 싱싱한 것을 구입하며 빨리 건조할수록 원래의 꽃 색을 유지할 수 있다

5. 야생화 채집 시 주의사항

• 긴 부츠를 신어 뱀이나 곤충에 물리지 않게 함
• 긴 소매의 옷을 입음
• 선글라스를 착용하여 벌 등의 곤충으로부터 눈을 보호
• 모자를 쓰고 비상용 연고 등을 준비
• 고무장갑을 착용하여 옻나무 등 독성이 있는 식물로부터 보호

6. 야생화의 채집

들에서 자연스럽게 자란 꽃으로 채집 즉시 건조기에 넣는 것이 좋으며 이듬해에 꽃을 보기 위해 뿌리까지 채집하지 않는다.

7. 분화 식물

화분 식물로 정원 또는 구입한 화분에서 핀 꽃을 말하며 제철에 피는 꽃이 좋다. 꽃 색이 선명한 것으로 꽃이 핀 지 오래되지 않은 꽃이 예쁜 압화를 만들 수 있다.

8. 압화 재료의 손질

① 줄기가 두꺼운 경우 - 줄기를 칼로 절반으로 가른다.
② 잎이 두꺼운 경우 - 뒷부분은 부드러운 사포로 가볍게 문질러 준다.
③ 두꺼운 봉우리의 경우 - 봉우리를 절반으로 자른다.
④ 얼굴이 큰 꽃 - 꽃잎 하나하나를 뜯어서 말린다.
⑤ 꽃이 크고 만개한 것 - 꽃 목 부분을 가위로 절단한다.

9. 압화 건조 매트를 이용한 꽃 말리기

① 건조 매트위에 스폰지를 올려놓는다.
② 스폰지 위에 꽃 배열 용지 한 장을 손으로 만져 매끄러운 면을 위로 향해 놓는다.
③ 꽃 배열 용지 위에 건조 시킬 꽃을 아래를 향하게 하여 올려놓는다.
④ 아래를 향하게 한 꽃 위에 꽃 배열 용지 한 장을 덮어 준다.
⑤ 건조 매트를 흡습지 위에 올려 놓는다.
　　　(두꺼운 꽃은 스펀지를 넣어주는 것이 좋다.)
⑥ 위의 방법을 반복한 후 별도의 비닐 봉투에 넣어 밀봉한다.
⑦ ⑥의 아래와 위로 압판을 최대한 묶어준다.
⑧ 최상의 압화를 건조 시키려면 압판 위에 무거운 돌이나 책을 올려준다.
건조 기간은 꽃에 따라 차이가 있지만 2-4일 정도 소요되며 건조 매트는 수분을 흡수하므로 축축해지면 드라이기로 재 건조시켜 사용한다.

매트를 자주 교체해주어야 예쁘고 선명한 색상의 압화 건조를 할 수 있다.

10. 압화 건조 시 주의사항

- 건조제는 손으로 만지면 손이 건조해지므로 장갑을 끼고 만지는 것이 좋다.
- 스펀지는 용기의 크기보다 작게 자른다.
- 화선지는 부드러운 면에 꽃이 닿도록 해야 쉽게 건조된다.
- 화선지는 반으로 접어 부드러운 면이 맞닿을 수 있게 사용한다.
- 실리카겔이 청색일 때는 건조 상태이며, 보라, 분홍으로 바뀌면 습기 포화 상태로 건조 능력을 상실한다.
- 실리카겔은 공기와 차단시켜 보관하며 불에 건조시킬 때 너무 강한 불로 하면 누렇게 변해 건조 능력을 상실한다.

- 아름다운 압화를 만드는 순서
① 신선한 식물을 사용한다.
② 식물에게 가장 필요한 꽃 처리한다.
③ 적절한 건조 방법으로 빨리 건조 시킨다.
④ 건조 시킨 압화를 보관 팩에 넣어 잘 보관한다.
⑤ 아름다운 작품을 만든다.

압화를 이용한 부채 장식 - 꽃향기 가득한 연입선 부채 만들기

대상자 : 복지관 어르신 등(학생, 주부 가능)
목표 : 아름다운 추억을 떠올리며 부채를 장식하는 시간을 갖음으로 스트레스 해소 및 심리적 안정감을 얻는다.
준비물 : 연입선 부채, 압화, 접착식 한지, 목공 풀, 레진, 핀셋, 이쑤시개, 가위 등
도입 : 젊은 시절 책갈피에 꽃을 넣어 보관한 기억을 떠올리며 압화가 우리 생활에 이용된 사례를 서로 나눈다.

전개 :
1. 압화 만드는 방법에 대한 간단한 설명을 한다.
2. 핀셋으로 연입선 부채 위에 압화를 디자인해본다.
3. 이쑤시개로 목공 풀을 조금만 묻혀 디자인한 대로 압화를 붙여 나간다.
4. 접착식 한지를 이용하여 부채의 압화를 코팅한다.(접착식 한지가 부채에 잘 붙도록 면수건 등으로 결을 따라 꾹꾹 눌러준다)

5. 부채의 테두리 부분은 1-2cm 정도 여유 있게 자른 후 5cm 간격으로 세로로 가위집을 낸다.(가장자리의 깔끔한 마무리를 위해)

6. 접착식 한지를 부채 뒤로 넘겨 붙여서 가장자리를 잘 마무리하고 손잡이 부분은 칼로 도려낸다.

7. 코팅된 압화 색을 선명하게 하기 위해 압화 부분에 레진을 발라준다.

기대효과 :

1. 압화를 사용해본 경험을 이야기함으로 옛 추억을 떠올려 마음의 안정을 찾을 수 있다.

2. 부채 만들기 활동을 통해 순서를 인지하고 섬세한 작업으로 인지력 및 소근육 발달에 도움이 된다.

3. 작품의 완성을 통해 성취감을 느낄 수 있다.

정리 : 완성된 작품에 대한 소감과 칭찬을 서로 나누며 스트레스 해소 및 자존감이 형성되며 같은 재료를 가지고도 서로 다른 분위기의 작품을 창작한 것을 보며 내 인생의 그림은 나에게 맞는 그림으로 잘 살아왔다는 자부심으로 평안함을 얻는다.

 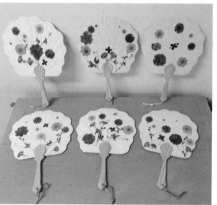

압화를 이용한 브로치 만들기 - 우울증은 물러가라

대상자 : 주부, 갱년기 여성

목표 : 압화를 이용하여 나만의 악세사리인 브로치를 만듦으로 우울증을 해소하고 자존감을 회복한다.

준비물 : 압화, 레진, 브로치 판, 다양한 파츠, 이쑤시개, UV램프, 선물상자 등

도입 : 압화에 대하여 설명하고 압화의 쓰임새에 대하여 알아본다.

전개 :

1. 준비된 꽃과 다양한 파츠를 보고 나만의 브로치를 디자인해 본다.
2. 브로치 판에 레진을 얇게 펴 바른다.
3. 디자인한 대로 꽃과 장식품을 브로치 판에 잘 배열한다.
4. 배열된 브로치 판을 램프에서 1분간 구워준다.
5. 고집도 레진으로 한 번 너 덮어 램프에 구워준다.
6. 레진을 발라 덮개를 씌우고 3분 정도 더 구워 완성한다.
7. 선물상자에 넣어 마음이 힘든 사람에게 선물하여 사랑을 전한다.

기대효과 :

1. 압화를 이용하여 다양한 생활용품을 만들 수 있음을 안다.
2. 섬세한 작업을 하므로 집중력을 높인다.
3. 만드는 방법을 익힘으로 미적 감각을 발휘한 아름다운 다양한 작품을 만들 수 있다.
4. 세상에 하나뿐인 완성된 작품으로 성취감과 자존감을 갖게 된다.

정리 : 꽃의 수명 연장법으로 압화가 이용됨을 알 수 있다.
압화와 레진을 이용하여 다양한 생활용품을 만들 수 있음을 안다.

압화를 이용한 액자 만들기 - 꽃, 액자 속에 담다

대상자 : 청소년, 성인
목표 : 자연의 아름다운 재료를 눌러 말린 압화를 이용한 생활 미술에 대한 관심
 을 높이며 주변의 다양한 꽃 중 누름 꽃이 가능한 종류에 대해 알 수 있다
준비물 : 압화, 액자, 그림이 있는 배경지, 목공 풀, 핀셋, 손 코팅지, 마스킹테이프

도입 :
압화에 대해 알아보고 생활에서 이용된 예를 살펴본다.
(압화를 이용한 생활 미술에 대하여 서로 이야기한다.
압화 사용 시 주의사항을 설명한다.
전개 :
1. 액자와 압화 재료를 나누어 준다.
2. 재료의 특성 및 다루는 방법을 설명한다.
3. 꽃을 배치해 봄으로 디자인을 구상한다.
 (큰 꽃은 앞에, 작은 꽃은 주변에 배치)
4. 디자인이 정해지면 소량의 풀을 묻혀 배경지에 붙인다.
5. 완성된 그림에 손 코팅지를 이용하여 기포가 생기지 않도록 코팅한다.
6. 액자 뒷면을 끼워준다.
7. 마스킹테이프를 뒷면 테두리에 붙인다.
8. 완성된 작품에 대한 느낀 점과 상대방의 작품을 감상한다.
9. 서로 칭찬하는 시간을 가짐으로 자신감을 갖게 한다.
기대효과 :
1. 섬세한 작업을 함으로써 집중력을 높일 수 있다.
2. 압화를 만드는 과정이 많은 단계를 필요로 함을 알 수 있다.
3. 완성된 작품을 장식함으로 일상생활에서 즐거움 및 자존감을 높일 수 있다.
정리 :
 다양한 압화 재료를 이용하여 단 하나뿐인 자기 작품을 만들어 오래 간직할 수
있고 생활 속 인테리어 소품으로 활용할 수 있게 한다.
기타 압화 작품은 주부 등 성인을 상대로 했을 때 반응이 좋다.
그림 배경지가 준비가 안 되었을 때는 색이 예쁜 캔트지를 써도 무방하나 짙은
색은 압화의 아름다움이 잘 나타나지 않으므로 파스텔 톤의 연한 색 캔트지가
좋다. 액자에 압화를 장식할 때는 흰색의 배경지에 파스텔 가루를 내어 화장지로
묻혀 펴 바르면 자연스런 느낌의 배경이 될 수 있다.(액자의 배경 참조)

기타 압화 작품

위: 부채 꾸미기, 아래: 자석 액자

위로부터 액자, 전등갓, 부채, 보석함, 양초 꾸미기 등

압화를 이용한 카드 만들기 – 사랑의 메시지를 보내요

대상자 : 초, 중 고등학생, 노인, 일반인 등

목표 : 누름 꽃(압화)를 이용하여 카드를 만들어 사랑의 메시지를 전할 수
있다

준비물 : 누름 꽃, 캔트지, B5용지, 코팅지, 양면테이프, 칼, 핀셋, 이쑤시개,
목공 풀

도입 : 압화란 무엇인가에 대한 설명한다.
생활에 이용되는 압화의 종류 및 옛 조상들의 압화 사용 예를
알아보기(압화를 통해 꽃의 수명 연장 법을 알 수 있다.)

전개

1. 꽃과 잎을 적절한 방법으로 건조 시킨다.
2. 캔트지를 반으로 접는다.
3. 카드 앞부분의 모양을 정한 후 적절하게 잘라낸다(예, 하트모양, 사각형, 원형
등 창의력 발휘해서)
4. 압화를 장식할 종이의 잘린 모양 안으로 압화를 배열한 후 이쑤시개를
이용하여 풀을 조금만 묻혀 압화를 고정시킨다.
5. 압화를 붙인 종이 위에 코팅지를 붙여 접착시킨다.(기포가 생기지 않도록)
6. 압화를 코팅한 종이의 가장자리에 양면테이프를 이용하여 카드에 붙여준다.
7. 카드 속지(B5)를 붙이고 사랑하는 사람에게 마음을 담아 편지를 쓴다.

기대효과

1. 생활용품에 압화가 이용될 수 있음을 안다.
2. 섬세한 작업으로 집중력을 높인다.
3. 다양한 도구와 재료를 통한 촉각 반응을 향상시킨다.
4. 만드는 방법을 알아보며 미적 감각을 충분히 살려 아름다운 작품을
만들 수 있다.
5. 완성된 작품으로 성취감을 갖게 된다.
6. 사랑하는 사람에게 감사의 마음을 전할 수 있다.
7. 편지 쓴 것 발표하기를 통해 발표력을 기를 수 있다.

정리 :

주변을 정리하고 압화를 이용하여 다양한 작품을 제작할 수 있음을 알고,
평상시에 고마웠던 일, 좋은 점을 글로 표현할 수 있다. 창의력을 발휘하여
다양한 모양의 카드를 만들 수 있으며 편지를 써보는 것을 통해 국어, 미술 등
통합교육의 효과를 얻을 수 있다.

다양한 모양의 카드 장식

168

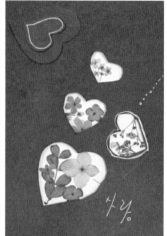

압화를 장식한 화병에 율마 수경재배

대상자 : 초, 중등 학생, 노인, 장애인 등
목표 : 용기에 압화를 장식하여 율마(골드 크리스타)를 수경재배 함으로 감각자극
　　　 및 정서 순화와 압화를 간편하게 코팅하는 방법에 대하여 이해한다.
준비물 : 용기(유리 및 플라스틱 용기), 율마, 압화, 맥반석, 목공 풀, 붓, 색돌 등
도입 : 압화의 다른 코팅 방법을 익히며 율마의 특성에 대하여 설명한다.
　　　 율마를 손으로 쓰다듬어 향기를 맡아 보고 건강에 좋은 영향을 끼침을 안다.

전개 :
1. 압화를 만드는 방법을 설명한다.
2. 목공 풀에 물을 조금 섞어 접착제를 만든다.
3. 압화를 어떻게 붙일지 디자인하여 본다.
4. 용기에 접착제를 붓을 이용하여 압화를 붙일 부분에 칠한다.
5. 압화를 창의력을 발휘하여 예쁘게 접착제를 칠한 부분에 올린다.
6. 압화를 올린 부분에 다시 접착제를 조심스럽게 발라 코팅한다.
7. 용기에 맥반석을 조금 넣는다.
8. 맥반석 위에 씻어 준비한 율마를 올리고 맥반석과 색 돌을 넣는다.
9. 물을 지제부까지 부어서 마무리한다.(조화와 함께 장식하기도)
　　　 • 지제부 : 토양과 지상부의 경계 부위

기대효과 :
1. 식물의 기능을 통한 실내장식의 의미를 안다.
2. 압화를 간편하게 코팅하는 또 다른 방법을 습득한다.
3. 압화를 붙이는 섬세한 작업으로 집중력과 창의력을 높인다.
4. 공기정화 기능 및 가습효과를 볼 수 있다.

정리 :
　골드크레스트 윌마(goldcrest wilma)[b]는 북아메리카 원산의 측백나무과로 피톤치드가 많이 나오는 식물이며 유통명으로 율마라 한다.
새집증후군 및 아토피에도 효능이 있다. 햇빛을 좋아하고 통풍이 잘되어야 하므로 수경재배하여 실내에 두었을지라도 가끔 베란다에 두어 햇빛과 바람을 쐬어 줘야 한다. 한 번이라도 물이 마르면 회생이 안 되나 수경재배일 경우 그런 문제는 없다. 토피어리 형식으로 줄기를 다듬어 키우거나 크리스마스 트리로 실내에 장식하면 좋다

어항 용기에 이오난사 키우기

대상자 : 청소년, 일반인 등
준비물 : 이오난사, 용기(유리, 플라스틱 등), 하이드로 볼, 색돌, 장식 끈, 스티커
목표 : 공기정화 기능이 있는 이오난사의 생육 특성 알아본다.
도입 : 키우기 쉬운 공기정화 식물의 종류에 대하여 알아본다.
　　　　이오난사 키웠던 경험 이야기하기. 실내 공기정화에 대하여 알아본다.
전개 :
1. 이오난사 및 재료를 분배한다.
2. 용기에 하이드로 볼, 색돌 등을 취향대로 바닥에 깔아준다.
3. 색돌 위에 이오난사를 얹어 준다.
4. 장식 끈을 이용해 예쁘게 묶어준다.
5. 용기 표면을 다양한 스티커로 꾸며준다.
6. 누구에게 선물할지, 혹은 어느 방에 두고 싶은지에 대하여 이야기한다.

기대효과 :
1. 직접 토양에 심지 않고도 분무만으로도 식물을 키울 수 있음을 안다.
2. 간단한 과정으로 작품을 완성시킴으로써 성취감 및 자신감을 느낄 수 있다.
3. 색 돌의 선택과정에서 컬러 감각을 익힐 수 있다.

4. 리본을 묶거나 작품을 완성하는 과정에서 소근육의 향상을 기할 수 있다

정리 :
다양한 도구를 이용하여 창의적인 작품을 만들 수 있음을 안다.
● 틸란드시아 이오난사[1]의 원산지는 멕시코로 건조한 남아메리카에서 사는 식물이며 성장 온도는 15-25℃, 겨울나기 온도는 10℃로 겨울에는 실내에서 키우는 것이 좋다. 공기 중 수분을 흡수하기도 하지만 자주 분무해 줘야 한다.
 이오난사는 미세한 솜털이 있는데 솜털을 통해서 양분을 흡수해서 성장하고, 보통 식물들과는 달리 오후에 이산화탄소를 흡수한다. 저녁에 이산화탄소를 흡수하기 때문에 물주기는 아침에 하는 것이 좋다.
 물주기도 환경에 따라 다른데, 보통 1달에 2~3번 물에 30분 정도 푹 담가 물을 흡수하게 한 후 물기를 말려준다. 습한 여름에는 1주일에 1번 분무기로 3~4번 정도만 뿌려도 충분하고 겨울에는 건조하기 때문에 물에 충분히 담가 놓아도 된다. 어느 정도 건조에도 강하며 물을 주고 나서 충분한 환기를 통해 물이 고여 있지 않게 관리한다. 물이 고여 있게 되면 무름병이 올 수 있어서 충분히 말려줘야 한다. 작은 식물이지만 공기정화에 좋다.

우리 꽃 무궁화로 부채 장식 - 무궁화와 태극기 제대로 알기

대상자 : 중등 학생, 일반 성인
목표 : 부채에 나라꽃 무궁화를 붙여서 장식, 사용하므로 무궁화에 대한 이해를
　　　증진 시킨다.
준비물 : 부채, 무궁화 꽃(스티커 용), 무궁화 설명서(코팅한 것), 양면테이프
도입 : 무궁화의 개화생리와 계절별 꽃 피는 특성을 설명하며 우리 꽃 무궁화에
　　　대한 자긍심과 애국심을 갖게 한다.
전개 :
1. 부채를 나눠주며 크기, 모양, 색상 등을 이해시킨다.
2. 무궁화에 대한 번식 및 키우는 법 설명한다.(무궁화 꽃 종류와 특징 등)
3. 무궁화 꽃 스티커를 이용하여 걸이용이나 사용할 것으로 스티커를 붙인다.
4. 우리나라 국기와 국기봉에 대해 설명한다.
5. 부채의 한쪽 면에 무궁화에 대한 설명서를 양면테이프로 붙여준다.
6. 우리 꽃을 사랑하는 마음으로 무궁화 화분 갖기 운동에 대하여 토론한다.
기대효과 :
1. 나라꽃 무궁화를 제대로 이해함으로 무궁화를 사랑하는 마음을 갖게 된다.
2. 무궁화의 개화 및 번식에 대하여 이해한다.
3. 태극기 모양의 의미, 깃봉과 무궁화의 관계에 대하여 이해한다.

정리 :
- 나라꽃 무궁화[4]는 아욱과의 화목류로 7월 상순부터 기온이 올라가서 광량이

173

좋으면 개화가 시작되며 일반적으로 무궁화 개화 후 100일이 지나면 서리가 내리기도 한다. 진딧물 발생 시기인 4-5월 또는 9-10월에 살충제를 뿌려주면 깨끗하고 화려한 무궁화의 모습을 볼 수 있다.

● 태극기에 대한 이해[b]

건(乾) : 하늘 - 큰 의미의 양, 곤(坤) : 땅 - 큰 의미의 음, 감(坎) : 물 - 큰 의미의 양, 리(離) : 불 - 큰 의미의 양, 청(靑) : 음 - 양과의 조화, 홍(紅) : 양 - 음과의 조화, 백(白) : 밝음과 순수, 평화를 사랑하는 우리 민족을 상징

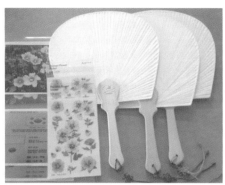  

유리 용기를 이용한 꽃 장식

대상자 : 초, 중 고등학생, 노인, 일반인
목표 : 유리 볼 안을 아름다운 꽃으로 장식하여 정서 순화 및 창의력을 기른다.
      시각적인 아름다움을 통해 미적 감각을 증진 시킨다.
준비물 : 유리 볼, 장미, 소국, 공작초, 편백 등, 플로랄 폼 약간, 꽃가위

도입 : 유리 볼 안에 꽃을 장식하는 방법과 어떤 모습의 작품이 탄생 될까?
      - 자유로운 brainstorming.
전개 :
 1. 오아시스를 물에 담가서 충분히 흡수시킨다.
 2. 장식할 소재에 대해서 설명한다.
   (계절 꽃 스프레이 카네이션, 리시안사스 및 장미)
 3. 오아시스의 모서리를 칼로 다듬어 유리 안에 고정시킨다.
 4. 얼굴이 큰 꽃(장미 등)으로 반구형이 되도록 꽂아준다.(플로랄 폼에 꽃을 때 는 꽃을 사선으로 자른다).

5. 여백 부분은 전체적인 모양을 살려가며 소국으로 꽃아서 마무리한다.
6. 여백 부분은 그린 소재로 채워서 마무리한다.
7. 만들어진 유리 볼을 어디에 두어야 예쁠지 서로 이야기한다.

기대효과 :
1. 플로랄 폼을 이용해서 꽃을 꽃으면 손쉽게 원하는 모양으로 꽃을 수 있다.
2. 가위질을 통한 손의 미세 근육이 향상될 수 있으며 집중력 및 정서 순화에 도움을 준다.
3. 아름다운 꽃을 이용하여 유리 볼을 장식할 수 있어 자신감을 갖게 한다.

정리 :꽃을 꽃기 위해 자르고 남은 가지는 짧게 잘라 마무리하고 유리 볼 안에 약간의 물 부어서 꽃이 싱싱함을 유지하게 한다.
● brainstorming : 대안을 만들어 낼 때 3인 이상이 모여 자유롭게 아이디어를 내는 회의 방식

원형 플로랄 폼을 이용한 리스 장식

대상 : 학생, 청소년, 일반인, 장애인, 노인 등 모두
목표 : 생화를 이용하여 리스를 만듦으로 정서 순화 및 자신감 키울 수 있다.
　　　정성스럽게 작품을 완성하는 과정에서 집중력을 강화한다.

준비물 : 원형 플로랄 폼, 계절 꽃 등, 과꽃, 편백, 가위

도입 : 리스(wreath)에 대한 설명으로 꽃 장식에 대한 동기 부여를 한다.

　　　리스 만들어 본 경험 이야기하며 리스의 여러 가지 용도를 알 수 있다.

전개 :

1. 원형 플로랄 폼은 물에 충분히 담가 둔다.

2. 꽃을 나눠주고 꽃에 대하여 설명한다.

3. 바닥 면에 편백을 짧게 잘라 돌려가며 꽂는다.

4. 카네이션의 핀 꽃(혹은 장미)을 짧게 잘라 리스의 중심을 잡아 꽂는다.

5. 과꽃(소국)은 줄기 나누어 짧게 잘라 꽂는다.

　(봉우리는 높게 핀 꽃은 낮게)

6. 천일홍도 짧게 잘라 사이사이에 꽂고 편백을 사이에 꽂아 마무리한다.

7. 고마운 사람에게 선물하는 설레임으로 꽂을 수 있게 한다.

8. 집에 장식할 경우 실내의 어느 곳에 둘지 생각한다.

　(또는 누구에게 선물할지 등 이야기하기)

기대효과 :

1. 리스 만들기를 통한 실내장식의 의미를 안다.

2. 손의 미세 근육 운동을 통하여 관절 가동범위가 향상된다.

3. 꽃을 잘라서 꽂는 동안에 집중력과 정서 순화에 도움을 줄 수 있다

4. 아름답게 완성된 작품으로 자신감 및 성취감을 갖게 된다.

5. 장애인의 경우에도 플로랄 폼에 꽃이 쉽게 꽂히므로 자신감 가질 수 있다.

정리 :

플로랄 폼에 꽃을 꽂을 시 줄기를 사선으로 자른다.

리스의 종류 및 만드는 방법을 설명한다.

테이블에 놓을 시 중앙에 초를 장식할 수 있음을 설명한다.

리스는 꽃만을 이용하거나 잎 소재만을 이용하여 만들 수도 있고 마른 소재와 열매 등을 이용해서 만들 수 있음을 안다.

- Wreath(리스)란?[11]

　화환, 화관이라는 의미

　처음과 끝이 이어졌다 해서 영원한 사랑을 의미한다.

　악귀를 쫓아내고 복을 가져다 준다 하여 현관문이나 문에 걸어놓기도 한다.

　크리스마스 리스 장식으로 유명하며 꽃으로 꾸민 고리 모양의 장식품이다.

　표창·경조의 뜻으로 증정한다.

　(올림픽 메달 선수에게 월계관을 씌워주는 의미로 상을 준다는 의미)

자연줄기를 이용한 행잉 장식

대상 : 청소년, 성인, 노인 등
목표 : 자연소재에 대한 이해를 높인다.
　　　　자연소재를 활용한 인테리어소품 디자인을 이해한다.
　　　　일상생활에서 장식할 수 있는 응용 능력을 기른다.
준비물 : 자연줄기, 절화(계절감을 느낄 수 있는 꽃), 플라워 워터 픽, 마 끈,
　　　　장식 끈, 행잉 텍 등
도입 : 계절감을 느낄 수 있는 재료에 대한 이야기를 한다.
　　　　계절에 따라 자연소재의 파악이 가능하다
　　　　자연소재를 활용하여 일상생활에서 즐길 수 있는 방법 중 행잉 장식에
　　　　대해 이야기 한다.
　　　　작품을 장식할 집을 생각하며 가족이 함께하는 공간에 대해 애정을 갖게
　　　　한다.

전개 :
1. 준비한 자연줄기를 이용하여 디자인을 구상한다.
2. 구상한 디자인에 따라 자연 줄기를 마 끈으로 고정시킨다.
3. 만들어진 자연 줄기에 플라워 워터 픽을 마 끈을 이용하여 고정시킨다.
4. 워터픽이 잘 고정되도록 자연 줄기에 균형을 잡아가며 행잉 끈을 묶어준다.
5. 플라워 워터 픽에 절화를 꽂아준다.
6. 장식 끈과 행잉 텍으로 장식하여 마무리한다.
7. 균형이 잘 잡히게 고정된 워터픽에 물을 넣어준다.

기대효과 :
1. 디자인 구상을 통한 창의력과 집중력향상을 기대할 수 있다.
2. 고정을 위해 소 근육을 사용하는 과정에서 섬세한 작업을 함으로 소 근육 발
   달에 도움을 줄 수 있다.
3. 다양한 자연소재의 색감과 질감으로 시각과 촉각의 자극에 도움을 준다.

정리 :
　계절에 따른 자연소재를 이용하여 공간장식이 가능함을 알게 한다.
　재활용품과 자연소재를 활용한 리사이클링 인테리어 소품의 가능성을 알게 한다.
　서로의 작품을 감상하며 계절에 따른 인테리어에 관심을 갖게 한다.
　리사이클링을 통해 환경과 자연에 대한 관심을 고취시킨다.
　손이 부자유스런 노인에게 프로그램을 실시할 경우 보조원이 도와줘 가며 작품을
완성할 수 있도록 하여 성취감 느끼게 한다.

재활용 컵을 이용한 장미 허브 옮겨심기 - 마 끈으로 장식한 새집으로 이사

대상자 : 학생, 주부, 노인, 장애인
목표 : 플라스틱 컵의 재활용으로 환경오염의 문제에 대하여 생각하고 마 끈으로 감는 작업을 통해 집중력 향상 및 소근육의 발달을 향상시킨다. 식물 이식을 통해 식물을 키우는 즐거움을 알게 한다.
준비물 : 장미 허브, 재활용 플라스틱 컵, 화분 받침, 마사토, 배양토, 송곳, 목공 풀 등
도입 : 알고 있거나 키우고 있는 허브 식물을 이야기하며 키워본 경험 및 주의 사항에 대하여 이야기한다.

전개 :
1. 플라스틱 컵을 나눠주고 송곳으로 바닥에 구멍을 뚫어 배수가 잘 되도록 한다.(재활용 차원에서 집에 있는 것으로 각자 준비하도록 한다.)
2. 컵에 목공 풀을 바르고 그 위에 마 끈을 밀착시켜 누르면서 감아준다.
3. 컵의 바닥에 마사토를 깔고 그 위에 약간의 배양토를 넣어 준다.
4. 장미 허브 포트에서 식물을 꺼내 컵의 중심에 넣고 배양토로 심어준다.
5. 마사토를 깔아 마무리한다.(마사토 등으로 윗부분을 마무리해 줘야 물을 줄 때 토양입자가 떠오르지 않는다)
6. 사랑의 이름을 지어주고 이름의 의미를 서로 나눈다.

기대효과 :
1. 끈으로 컵을 섬세하게 감는 작업을 통해 집중력 및 소근육의 발달을 기대할 수 있다.(노인이나 장애인에게 프로그램을 실시할 경우 보조원이 함께 도와준다)
2. 재활용 용기를 사용하여 아름다운 작품을 만듦으로 성취감을 느낄 수 있다.
3. 식물을 이식한 경험으로 다른 식물에도 관심을 가질 수 있다.

정리 :
 장미 허브[1]는 꿀풀과의 다육식물로 장미와 비슷한 향이 있다. 흙에 던져두어도 뿌리가 잘생길 정도로 삽목이 잘되는 식물이다. 곁가지를 따주면서 외목대로 기를 수도 있다. 햇볕에서 기르면 웃자람이 없이 튼튼하게 자라며 베란다에서도 잘 자라는 식물이다. 잘려진 줄기로 수경 재배하면 금방 뿌리가 잘나오며, 잎을 쓰다듬으면 머리를 맑게 해주는 향기가 나온다.
- 빛 : 양지/반음지   • 온도 : 15~25℃, 월동온도 10℃ 이상
- 용토 : 배수가 잘되는 사질토양을 사용한다.
- 관리 : 습하면 잎이 황변하므로 주의한다.

재활용 PET병을 이용한 꽃병 장식 - 소중한 사람을 위하여

대상자 : 대학생, 주부, 성인
목표 : PET병을 이용하여 꽃병을 장식하므로 재활용의 가치를 일깨운다.
　　　정성 들여 만든 작품을 선물함으로 아름다운 관계를 형성한다.
준비물 : 재활용 PET병, 생화(장미, 카네이션, 리시안사스, 후리지아, 왁스플라워,
　　　유칼립투스 등), 플로랄 폼, 꽃가위, 칼, 포장지, 리본

도입 : PET병의 다양한 쓰임새와 재활용을 통하여 환경오염을 줄일 수 있음을
　　　설명하고 사용될 꽃의 이름을 맞춰본다.
전개 :
1. 플로랄 폼은 미리 물에 충분히 담가 흡수시킨다.
2. 사용되는 꽃에 대한 설명을 하며 좋아하는 색상의 꽃을 선택하게 한다.
3. PET병의 아랫부분을 꽃을 꽂을 만큼 적당한 크기로 잘라낸다.
4. 잘라낸 PET병의 안쪽으로 플로랄 폼을 집어넣는다.
5. 포장지를 PET병의 크기보다 조금 크게 잘라 예쁘게 포장하고 윗부분은 주름
　　지게 예쁘게 묶어준 후 리본을 매준다.

6. 플로랄 폼이 드러날 정도만 포장지를 잘라낸다.

7. 드러난 부분에 장미를 중심으로 꽃을 꽂아 나간다.

8. 나머지 꽃을 이용하여 장미와 조화롭게 꽂으며 유칼립투스와 왁스플라워를 이용하여 선을 내어 꽂아서 완성한다.

9. 누구에게 선물할지를 서로 발표하게 하여 사랑과 감사의 마음을 공유한다.

기대효과 :

1. 플라스틱병을 재활용하여 아름다운 장식품이 탄생되는 과정을 보며 환경오염을 줄일 수 있는 방법을 모색할 수 있다.

2. 여러 가지 꽃을 사용하여 장식함으로 자연스럽게 꽃 이름을 알게 되고 컬러 감각을 익힌다.

3. 칼과 가위 등을 사용하므로 손의 기민성을 향상시킨다.

4. 정성 들여 만든 작품을 선물할 수 있음에 감사함과 성취감을 느낀다.

정리 :

플로랄 폼에 꽃을 꽂을 때에는 모든 꽃은 사선으로 잘라야 잘 꽂아지며, 동시에 물올림도 잘 된다. 봉우리는 높게, 핀 꽃은 낮게 꽂아야 안정감이 있다.

• 장미[4]는 5-6월에 걸쳐 화려한 꽃이 피는 대표적인 화목류로 화단용 장미는 꽃이 진 후 적절히 전정해주면 9월에 다시 한번 꽃이 핀다. 덩굴장미의 경우 웃자란 가지의 전정과 유인에 주의해야 한다. • 카네이션[10]은 1840년 프랑스의 육종학자 달메 씨에 의해 사계성의 계통이 나온 이후 사람들의 기호에 맞는 품종이 육성되었고 우리나라에서는 절화의 여왕으로 사랑받는 꽃이다.

재활용 PET병을 이용한 걸이 화분 만들기 - 작고 귀여운 얼굴과의 만남

대상자 : 중·고등학생, 일반인, 노인, 장애인 등
준비물 : 빈 생수통, 식물(트리안), 용토(마사토, 난석), 가위 나 칼, 철사,
전기인두(일반송곳 가능)
목표 : 재활용 용기를 이용하여 화분을 만드는 원예 활동을 통해 환경오염에 대
한 인식을 바로 하고 성취감을 맛본다.

도입 : 원예활동의 좋은 점과 재활용을 통한 환경지킴에 대한 이야기를 한다.
심리적인 안정감 및 미적인 아름다움을 주는 원예활동에 대해 설명한다.

전개 :
1. 생수통을 식물 심을 적당한 위치를 오려준다.
2. 밑 부분에 전기인두나 송곳을 사용하여 배수 구멍을 내준다.
3. 생수통 뚜껑 부분에 구멍을 내고 철사를 연결하여 끈을 만든다.
4. 생수통의 아랫부분에 난석(마사토)을 깔고 배양토를 조금 넣는다.
5. 준비된 식물을 넣고 나머지 용토를 사용하여 잘 심어준다.
6. 마사토로 식재 부분을 마무리한다.
● 가위나 칼을 사용 시 노약자나 장애인이 다치지 않도록 보조원과 함께한다.

기대효과 :
1. 폐자원이라도 잘 활용하면 훌륭한 소품으로 탄생됨을 안다.
2. 가위를 사용하므로 소근육의 향상을 기대할 수 있다
3. 원예활동 과정에서 상호친밀감을 증진시켜 준다.

정리 :
각자 만들어진 작품을 감상하고 재활용할 수 있는 다른 방법을 이야기한다.
관엽식물 외에 PET병을 재활용하여 채소의 재배가 가능함을 이야기한다.
● 트리안(*Muehlenbeckia complexa*)[b]은 뉴질랜드 원산의 마디풀과로 낮은 광도에
서도 잘 자라므로 거실이나 발코니에서 키우는 게 좋다. 내한성은 약하여 10℃
이하로 되지 않아야 하며 덩굴성으로 행잉 식물로 키우거나 토피어리도 만들 수
있다. 진딧물과 응애가 잘 생기며 삽목을 통해 번식이 가능한 잎사귀가 귀여운
식물이다. 실내 밝은 장소에 배치하며 잎이 작은 데 비해 번식력이 왕성하여 지
저분해지기 쉬우므로 자주 정리해주어야 한다.

183

재활용 PET병을 이용한 식물심기 - 은사철의 변신

대상자 : 초, 중등 학생, 성인, 노인 등 누구나
준비물 : 식물(은사철), PET병, 배양토, 마사토, 칼, 가위, 송곳, 목공 풀,
　　　　 시트지, 면 레이스, 아이스바
목표 : PET병을 이용하여 식물을 심음으로 재활용에 관심을 갖고 일회용품의
　　　　 환경오염을 깨닫게 한다. 식물을 심고 돌보는 과정에서 적극적인 치유와
　　　　 에너지를 얻는다.
도입 : 편리하게 사용하는 PET병 등 플라스틱 용품의 환경오염에 대해 이야기
　　　　 하며 식물의 독특한 색을 관찰한다.

전개 :
1. 플라스틱 쓰레기로 인한 환경오염과 문제해결을 위한 방법에 대해 의견
　 을 나눈다.(줄이기 및 재활용)
2. 식물(은사철)의 특성 및 기능에 대해 설명한다.
3. 페트병을 1/2정도 부분에서 칼로 자르고 화분으로 사용할 면을 가위로 잘 정
　 리하여 손이 다치지 않게 한다.

4. 페트병 바닥에 송곳으로 배수 구멍을 내준다.

5. 페트병 크기에 맞게 시트지를 잘라 목공 풀로 붙인다.

6. 용기 바닥에 마사토 깔아 배수층 만들고 배양토를 약간 넣어 준다.

7. 식물을 화분에서 빼서 뿌리를 약간 정리하여 남은 배양토로 심어준다.

8. 면 레이스를 페트병 위아래에 붙여 예쁘게 꾸며준다.

9. 아이스바에 나만의 이름을 써서 꽂아 준다.

기대효과 :

1. 플라스틱의 환경오염의 심각성을 깨닫고 해결방안에 관심을 갖는다.

2. 다양한 재활용 방법을 터득한다.

3. 식물을 심고 꾸미는 과정을 통하여 소 근육 발달과 손의 기민성을 향상시킨다.

4. 완성된 작품으로 자신감과 성취감을 갖게 된다.

정리 :

식물의 특성 및 기능을 안다. 재활용 페트병 화분을 완성한 소감을 나누며 플라스틱 사용을 줄이고 분리수거 등을 철저히 하여 환경오염 방지에 힘써야 함을 알게 한다. ● 은사철[b]은 노박덩굴과의 사철나무 종류로 잎 가장자리가 은백색으로 생명력도 강하고 관리도 수월하다. 울타리, 정원수 등 조경용으로 이용되며 어리고 작은 식물은 테라리움 등에도 이용된다.

　1차적 기능 : 식량, 의복, 산소제공

　2차적 기능 : 정신적 위안, 정신 치료의 일환

재활용 PET병을 이용한 심지 화분 만들기

대상 : 초, 중 고등학생, 일반인, 장애인 등
준비물 : PET병, 홍콩야자(구근류 외 관엽식물), 심지, 칼 혹은 가위, 배양토,
      마사토, 송곳, 마 끈 혹은 리본, 장식 눈 등
목표 : 재활용 PET병을 이용하여 식물을 심어봄으로써 식물의 관수와 환경
      오염에 대한 관심을 갖게 한다
도입 : 재활용 병을 이용한 식물 심는 다양한 방법을 소개하고 심지 관수를
      적용할 경우, 물 관리의 수월함과 PET 등이 환경을 오염시킨다는 것
      설명한다.

전개 :
1. 식재할 식물에 대한 설명을 한다.
2. 생수통 뚜껑을 송곳으로 구멍을 낸다.
3. 생수통을 1/2정도 부분에서 칼로 오려서 상, 하부로 나누어 준다.
4. 뚜껑에 심지를 넣어서 물을 끌어 올릴 정도로 길게 늘어뜨린다.
   (바닥이 L자형으로).
5. 화분에서 식물을 꺼내 심지를 넣은 상부 용기에 식재한다.(구근류는 구근이
   약간 보이도록 심을 것)
6. 마사토로 윗부분을 깔끔하게 마무리한다.
7. 처음에는 식물을 식재한 상부 용기에 충분히 물을 공급하고 하부 용기에도
   물을 채운다.(모세관 현상에 의해 물을 끌어 올릴 수 있음)

기대효과 :
심지를 통해 물을 관수함으로 기존의 물 관리에서 벗어날 수 있다.
환경에 대해 새로운 시각을 갖게 되며 재활용 PET병을 활용하는 여러 가지 방법을 알 수 있고, 재활용함으로써 환경오염에 대해 관심을 갖고 대처 할 수 있다. 가위를 사용하는 활동은 소근육의 발달에 도움을 줄 수 있다.

정리 :
주변을 정리하고 심지 화분의 장점을 이야기함으로써 식물의 물 관리의 중요성에 대한 것 설명할 수 있다
PET병을 비롯한 각종 비닐류 등이 제대로 처리되지 않아 환경오염을 시킨다는 것을 앎으로 환경을 지키려는 노력을 할 수 있다.
tip : 가위(칼)나 송곳을 사용하므로 어린이나 노약자, 장애인은 미리 준비하든지 보조원으로 하여금 도와주어 활동을 전개할 수 있다.

재활용 PET병에 테라리움 만들기(다육식물 이용)

대상자 : 청소년 대상

목표 : PET병을 재활용하여 다육식물을 이용한 테라리움을 만듦으로 집중력 및 창의력을 개발하고 환경보호에도 관심을 기울인다.

준비물 : PET병(대, 소), 다육식물, 모래, 색 모래, 칼, 가위, 종이, 조약돌, 네임 펜

도입 : 테라리움에 대하여 설명하고, 테라리움에 표현할 가족에 대하여 서로 이야기 하도록 한다.

전개 :

1. 칼과 가위를 사용하여 큰 PET병을 1/3 정도로 자른다.
2. 작은 PET병에는 다육식물을 심는다.
3. 큰 PET병의 바닥에 모래(마사토 가능)를 깔아 중심을 잡아준다.
4. 다육식물을 심은 작은 PET병을 큰 PET병 안에 넣어준다.
5. 종이로 다육식물을 감싸고 색 모래를 돌려가며 채워서 무늬를 만든다.
6. 조약돌에 네임 펜으로 가족들의 얼굴을 그려 화분 위에 장식한다.
7. 가족들의 표정이 잘 나타났는지 서로 이야기하는 시간을 갖는다.

기대효과 :

1. 색 모래로 무늬를 만드는 동안 집중력이 향상된다.
2. 가족의 얼굴 표정을 그리며 행복한 순간과 고마움을 알 수 있다.
3. 색 모래의 배열을 통해 색감을 이해할 수 있다.

정리 : 청소년들이 작품을 만드는 시간만이라도 가족의 소중함과 사랑을 깨달아 감사함을 간직하게 한다. 다육식물은 물을 자주 주지 않아도 관리가 편하고 청소년의 공부방에 두면 야간에 이산화탄소를 흡수하고 산소를 방출하므로 좀 더 쾌적한 환경이 될 수 있다. 색 모래는 용기 사이즈에 맞게 아스테이지를 잘라 둥글게 말아서 용기 바깥 면을 장식하는 방법도 있다.

188

재활용 PET병을 이용한 미니정원 만들기 - 감정카드 이용하여 마음 표현

대상자 : 초, 중등 학생, 주부를 포함한 일반인
목표 : PET병을 재활용하여 작은 정원을 만듦으로 정서 순화, 집중력 및 자존감
　　　이 향상된다.
준비물 : PET병, 소엽 풍란, 대엽 풍란(나도 풍란), 후마타(양치식물), 숯, 마사토,
　　　수태, 착색 이끼, 색돌, 표시 스틱, 마음 카드 등
도입 : 마음에 와 닿는 감정 카드를 고르고 관련 이야기를 나눈다.
　　　앞으로의 바람 카드를 고르고 관련 이야기를 나눈다.
전개 :
1. 식물을 나눠주고 이름과 꽃말을 익힌다.
2. PET병을 옆으로 한 다음 바닥에 마사토를 깔아 배수층 만든다.
3. 식물과 숯을 배치하고 작은 정원을 만들고 빈공간은 수태로 채운다.
4. 착색 이끼를 고르게 펴서 올려주고 색 돌로 장식한다.
5. 표시 스틱에 나만의 애칭을 네임 펜으로 써서 작은 정원에 꽂아 마무리한다.
기대효과 :
1. 풍란의 자라는 습성을 알게 된다.
2. 식물의 이름을 알게 되므로 자신의 긍정적인 감정을 이끈다.
3. 반려 식물로서의 풍란의 쓰임새와 기르는 방법을 알 수 있다.
4. PET병을 이용한 미니정원의 완성으로 정서 순화 및 성취감이 있다.
5. 식물과의 교감을 통해 정서적 안정감 및 생명력을 관찰할 수 있다.

정리 : 감정 카드와 바람 카드를 적절히 사용하여 프로그램에 참여한 대상자가
마음을 열고 서로 교감할 수 있도록 한다.
● 풍란[10]은 착생식물로 대엽 풍란(나도 풍란), 소엽 풍란이 있다. 돌, 나무, 숯에
부착시켜 작품을 만들 수 있으며 늘 사랑의 마음으로 물을 분무해 주면 아름다
운 모습을 유지하고 향기가 그윽한 꽃도 피울 수 있다.
꽃말 : 나도 풍란 - 인내,　소엽풍란 - 참다운 매력, 신념
● 후마타[f]는 고사리과로 상록 넉줄고사리를 말하며 거실이나 발코니에서 키우기
좋다. 봄-가을까지는 흙을 촉촉이 유지하고 겨울에는 토양표면이 말랐을 때 충분
히 관수해야 하며 배수가 잘 되는 토양이 좋다. 우리나라에서 자생하는 식물로
바위나 나무에 착생하는 다년생 양치식물이다. 꽃은 피지 않고 잎의 번식이 빨라
서 관리를 잘 해주면 사철 내내 싱그러운 녹색을 감상할 수 있다.
새집증후군의 원인물질인 포름알데히드 제거 능력이 양치식물 중 가장 우수한
식물이다.

재활용 PET병과 풍선을 이용한 꽃병 만들기

대상자 : 어린이, 학생, 일반인, 노인 등
목표 : PET병을 재활용하여 풍선을 곁들여 꽃병을 만듦으로 정서 순화 및 성취
감을 느낄 수 있다.
준비물 : PET병, 식물, 꽃(착색 안개꽃), 착색 라그라스, 풍선, 물, 칼, 가위 등

도입 : PET병을 재활용하여 아름다운 작품을 만들어 환경에 대한 올바른 인
식을 갖게 한다. 염료의 물올림을 통한 안개꽃의 착색과정을 설명한다.

전개 :

1. 좋아하는 꽃의 색상과 풍선을 고르게 한다.
2. PET병을 1/2정도 부분에서 칼로 잘라 상, 하부로 나눈다.
3. 풍선을 불어 크기를 늘린다.(클수록 물의 함량이 많아진다.)
4. 풍선을 PET병 안에 넣고 입구에 씌워준다.
5. 풍선 속에 물을 부어준다.
6. 꽃을 풍선 화병에 꽂아 준다.

기대효과 :

1. PET병을 재활용하여 환경오염을 줄일 수 있다.
2. 꽃을 자르고 넣는 과정에서 소근육의 향상과 풍선을 부는 과정에 폐활량을 늘
   일 수 있다.
3. 아름다운 꽃을 꽂는 동안에 집중력과 정서 순화에 도움이 될 수 있다.
4. 완성된 작품으로 성취감을 갖는다.

정리 : PET병의 투명한 색이 다양한 색의 풍선과 곁들여짐으로 장식 효과가 있
는 화병으로 거듭남을 알며 풍선 불기 등 어린이들이 좋아할 수 있어서 쉽게 접
근할 수 있다.(풍선 불기가 어려울 경우 서로 도와줘 가며 프로그램 진행)
PET병을 1/2로 자르지 않고 아랫부분만 약간 오려내서 수경식물을 함께 장식할
수도 있다.(그림 좌)

전등을 갖춘 용기에 알로에 심기 - 나의 삶 뒤돌아보기

대상자 : 원예 심리상담사 교육생 동기(청소년, 일반인 가능)
목표 : 프로그램을 통해 함께 작품을 만듦으로 소통하고 위로받는 희망을 얻는
다.
준비물 : 전등을 갖춘 유리 기둥 화분, 미니 알로에, 마사토, 화산석, 맥반석,
질석, 색돌 등
도입 : 서로에게 눈과 마음으로 인사하고 마음 문 열어보는 시간을 갖는다.
알로에의 효능 및 생육 습성에 대하여 설명한다.

전개 :
1. 서로 인사하고 각자의 인생 라이프에 대해 설명하게 한다.
2. 가장 행복했던 삶과 미래의 삶을 그려보며 나만의 공간에 희망의 메시지 투영
해본다.
3. 유리 기둥 화분에 화산석을 깔아 배수층을 만든다.
4. 질석을 넣고 미니 알로에를 심는다.
5. 마사토와 색 돌로 마무리한다.
6. 희망의 메시지를 쓰는 시간을 갖는다.
7. 희망의 메시지를 서로 나누며 서로에게 격려하는 시간을 갖는다.
8. 완성 후 희망의 등을 켠다.

기대효과 :
1. 알로에의 특성 및 효능을 알 수 있다.
2. 맥반석의 기능을 앎으로 여러 용도로 쓰임을 알 수 있다.
3. 마음의 위로를 통하여 서로에게 희망을 갖게 할 수 있다.
4. 소통하는 마음을 얻게 된다.

정리 :
전등이 켜진 완성된 작품을 감상하며 피드백하는 시간을 갖는다. 밝은 불빛 아래
비치는 식물을 보며 새로운 삶에 대한 기대를 하게 한다.
● 알로에[10)는 아프리카 원산으로 백합과의 외떡잎식물이며 다육식물에 속한다.
햇빛이 잘 비치는 곳에 심으면 잘 자라고 생육이 왕성하여 새끼 알로에가 잘 생
기므로 번식이 양호하다. 피부미용과 밀접한 관련이 있고 수분이 90% 이상으로
풍부하여 화상이나 열에 의한 상처에 효과적이다.
수명이 다한 건전지는 교체가 가능하다.

추억 마을 꾸미기

대상 : 초, 중등 학생, 장애인, 노인
준비물 : 계절에 맞는 다양한 꽃, 꽃가위, 편백, 플로랄 폼, 플라스틱 용기
　　　　마사토(혹은 조개껍질),
목표 : 고향마을을 생각하며 꾸미기를 통한 집중력, 창의력 및 정서 순화를
　　　기대한다.

도입 : 간직하고 싶은 고향의 추억에 대한 이야기를 하고 아름다운 추억에 대한
　　　기억을 더듬어 어떻게 꾸밀까 고민하는 시간을 갖는다. 쓰이는 재료에
　　　대하여 설명한다.

전개 :
1. 플라스틱 용기에 플로랄 폼을 적당한 크기로 잘라 양쪽으로
　세팅한다.(플로랄 폼을 1/6로 잘라 양쪽에 세팅)
2. 가운데 빈 곳은 조개껍질(혹은 마사토)을 깔아 플로랄 폼을 고정시켜
　냇가를 연출한다.
3. 편백이나 줄기 소재는 적당히 잘라 고향의 나무를 연상하여 꽂는다.
4. 얼굴이 큰 꽃은 낮게 꽂는다.(플로랄 폼에 꽃을 시 대각선 자르기)
5. 소국 등 작은 꽃은 줄기 나누어 색을 아름답게 조화시켜 꽂아준다.
　(봉우리는 높게, 핀 꽃은 낮게 꽂아 입체감이 나타나게 한다.)
6. 주어진 소재는 높낮이 조절하여 꽂는다.
7. 나머지 꽃도 줄기 나누어 어울리게 꽂아 준다.
8. 남은 편백을 짧게 잘라 플로랄 폼을 가려주듯 꽂는다.
8. 조개껍질(혹은 마사토)로 장식한 부위에 물을 부어 흐르는 냇물을
　연출한다.

기대효과 :
 1. 집중력과 창의력 향상을 기대할 수 있으며, 성취감을 갖게 된다.
 2. 과거를 회상하는 시간을 가짐으로 기억력을 회복할 수 있다
 3. 꽃을 자르는 작업을 통하여 손 근육의 발달을 기대할 수 있다.
 4. 항상 물이 차 있는 모습을 연출하여 건조한 실내를 촉촉하게 하여
　 가습효과를 기대할 수 있다.

정리 : 각자 만든 작품의 제목을 붙여주고 고향에 대한 이야기를 하며 감상의

시간을 가짐으로 고향의 정겨움을 나눌 수 있다.

각자 만든 작품에 사랑하는 마음을 담아 정성 들여 물 관리하여 꽃의 수명을 연장시킴으로 자기 성취감과 자신감을 갖는다.

장애인에게도 협업하여 고향마을이 생각나는 작품을 꾸밀 수 있도록 한다.

커피 찌꺼기를 활용한 소망 화분 만들기

대상자 : 초, 중등 학생, 일반인, 노인
목표 : 양치류 식물의 특성을 이해하고 유기질 성분이 함유된 커피 찌꺼기를
　　　　활용하여 화분 분갈이를 할 수 있다.
준비물 : 식물(더피 고사리, 자금우), 유리컵, 맥반석, 배양토, 커피 찌꺼기,
　　　　펄라이트, 사갈, 메시지 픽
도입 : 커피 찌꺼기에 함유되어 있는 폴리페놀 성분에 대하여 이야기한다.
전개 :
1. 양치류 식물의 특성 및 재배법에 대하여 설명한다.(원산지, 광도, 물주기 등)
2. 분갈이의 필요성 및 분갈이 전날 물을 주어 식물이 포트에서 잘 빠져나오게
   함을 설명한다.
3. 식물을 화분에서 조심스럽게 빼낸 후 뿌리를 정리한다.
4. 배수층을 만들기 위해 데코 겸용 맥반석을 넣어 준다.
5. 배양토와 원두 찌꺼기를 9 : 1의 비율로 섞어 식물을 심는다.
6. 펄라이트를 위에 깔고 데코용 자갈을 얹는다.
7. 사랑의 메시지 픽을 꽂아 마무리한다.
기대효과 :
1. 화분 갈이 과정에서 소근육의 향상을 기할 수 있다.
2. 손잡이가 있는 작은 컵을 이용하므로 공간이동이 수월하다.
3. 소망 화분을 만들고 식물상태를 관찰하며 자연스럽게 자연 친화력을 증가시키
   고 식물에 대한 책임감도 갖게 된다.
정리 : 고사리의 생육환경을 안다. (반음지, 촉촉한 환경 선호)
식물이 우리 생활에 미치는 영향을 알고 생활 속에서 즐긴다.
(미세먼지 절감, 습도 조절, 공기정화, 인테리어 효과, 시각적 즐거움 등)
분갈이를 통해 식물도 적절한 시기에 이식하여 영양을 공급해주면 더 잘 자랄
수 있음을 안다.

컬러 테라피를 활용한 치유형 꽃바구니 만들기

대상자 : 어린이, 중등 학생, 일반인, 노인 등
목표 : 컬러 테라피 질문 카드를 활용한 나만의 꽃바구니를 만들어서 맞춤형 치유와 성취감을 느낀다.
준비물 : 바구니, 관엽식물(스킨답서스), 조화, 비누 꽃, 리본 등

도입 : 관엽식물의 생육 특성을 이야기한다. 현재 자신의 증상을 이야기해보고 컬러 테라피에 근거한 컬러를 찾게 한다.

전개 :
1. 식물과 바구니(비닐이 코팅된 것)를 나눠준다.
2. 바구니 바닥에 마사토를 넣어준다.(작은 화분일 때 화분 통째로 넣어줌)
3. 배양토를 넣고 식물을 식재한다.
4. 자기의 증상에 맞는 컬러의 조화 꽃을 선택하여 식물과 어울리게 꽂아 준다.
5. 조화 꽃과 어울리는 색의 비누 꽃을 꽂는다.
6. 리본을 만들고 받는 사람의 애정이 담긴 위시 리스트를 적는다.

기대효과 :
1. 손의 사용으로 관절 가동범위가 향상된다.
2. 컬러 테라피에 근거한 나만의 꽃을 찾을 수 있다.
3. 컬러 테라피 질문 카드에 맞는 조화 꽃을 곁들여 맞춤형 치유를 기대할 수 있다.
4. 꽃의 배치를 통해 긴장 완화와 미적 감각을 향상시킬 수 있다.
5. 완성된 작품으로 성취감을 갖게 한다.
6. 세상에 하나뿐인 나만의 맞춤 꽃바구니를 감상하며 치유의 시간을 가질 수 있다.

정리 :
컬러 테라피(Color therapy)[b]는 미술치료의 하나로 Color와 therapy의 합성어이다. 색이 갖는 고유의 파장과 에너지를 심리치료와 의학에 활용하여 스트레스를 완화시키고 삶의 활력을 키우는 정신적인 요법으로 플라시보 효과를 얻을 수가 있다.(플라시보 효과란 믿음으로 증상을 호전시키는 것을 말한다.)
리본 만들기, 위시리스트 적기 등은 소근육 발달, 인지력 향상과 치매 예방의 효과가 있어 어린이와 노인에게 효과적이다.

● 컬러 테라피 꽃바구니 이용 예 :
다이어트를 원한다면 식욕을 떨어뜨리는 색깔(파랑, 보라 등)의 꽃바구니를 식탁
위에 두는 방법과, 일을 시작하거나 운동을 해야 하는데 의욕이 안 생길 때는 거
실에 오렌지색이나 노란색의 꽃바구니를 보고 의욕을 냄

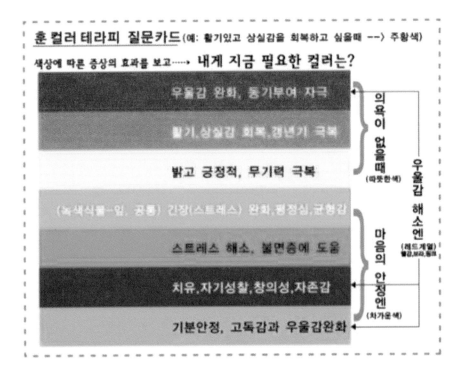

틸란드시아를 이용한 걸이 화분 만들기

대상자 : 중·고등학생, 및 일반인
목표 : 틸란드시아를 이용하여 아름답게 장식하므로 실내의 공기정화 기능을 알
고 장식과정에 집중력이 향상된다.
준비물 : 수염 틸란드시아, 틸란드시아 이오난사, 밀짚모자, 꽃 철사, 장식 볼,
목공 풀, 송곳 등

도입 : 식물의 공기정화 기능 및 틸란드시아의 특성에 대하여 설명한다.

전개 :
1. 수염 틸란드시아를 다듬는다.
2. 틸란드시아 이오난사의 아랫부분에 구멍을 뚫는다.
3. 밀짚모자에 준비한 장식 볼을 목공 풀을 이용하여 장식한다.
4. 수염 틸란드시아를 꽃 철사로 묶는다.

5. 묶은 수염 틸란드시아를 밀짚모자 속에 넣어 준다.

6. 이오난사를 밀짚모자 위에 고정시킨다.

7. 벽에 걸 수 있도록 고리를 만들어 준다.

기대효과 :

1. 식물의 실내 공기정화 기능을 안다.

2. 작은 식물에 대한 관심도를 높이고 식물을 이용한 인테리어를 배울 수 있다.

3. 손을 이용하여 소 근육을 발달시키며 아름다운 작품의 완성으로 미적 감각과 집중력을 향상시킬 수 있다.

4. 완성된 작품을 통해 성취감 및 자신감을 갖게 한다.

정리 :

만들며 느낀 소감을 서로 나누며 작은 행복감을 느낄 수 있다.

틸란드시아 이오난사[4]는 에어플랜트 중에서 가장 다채로운 식물로 흙이 없어도 거의 모든 곳에서 자랄 수 있다. 수염 틸란드시아는 스프레이를 자주 해주고, 이오난사의 경우 일주일에 1회 정도 물에 담근 후 잎 사이에 물이 고이지 않도록 거꾸로 세워 충분히 말려준다.

공기 중 수증기 및 유기물을 흡수하여 자라므로 실내의 밝은 곳, 통풍이 잘 되는 곳에 둔다.

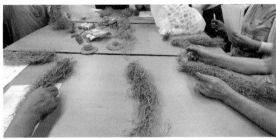

틸란드시아를 실내에 장식한 것

토피어리 만들기(수태와 관엽식물 이용)

대상 : 초, 중 고등학생, 일반인, 호스피스 환자 및 보호자 등
준비물 : 관엽식물. 수태, 눈, 코 등 곰 장식품, 낚싯줄, 바늘, 가위, 비닐 등
목표 : 감각자극 및 정서 순화, 통증 완화에 기여한다.

도입 : 토피어리에 대한 설명으로 수업에 대한 호기심을 유발한다.
     (어원, 유래 및 종류)
     식물 재료 설명, 좋아하는 동물과 오늘 만들려는 곰돌이 이야기하기
전개 :

1. 토피어리에 사용될 식물에 대한 설명을 한다.
2. 비닐을 먼저 깔고 수태를 둥그렇게 펴 준다.(새 둥지 모양)
3. 식물을 포트에서 빼서 그대로 수태 위에 놓는다.
4. 수태로 식물을 단단하게 감싸 준다.(비닐 이용)
5. 낚싯줄을 이용하여 수태가 흩어지지 않도록 감아 준다.(너무 드러나지 않게 많이 감지 않고 덜된 듯 보이더라도 모자라게 감는 것이 좋다)
6. 바늘로 낚싯줄을 잘 마무리하고 가위로 수태를 잘 다듬어 줘서 예쁜 모양으로 만든다.
7. 눈과 코 등도 꽂아서 마무리한다.(리본을 만들어 달아줄 수도 있음)
8. 받침대 위에 놓고 물 한 컵 정도를 식물에 골고루 준다.

(환자의 경우 모든 과정은 보호자와 함께 하는 시간을 갖도록 한다)

기대효과 :

1. 수업에 대한 흥미와 관심 및 집중하여 활동 수행이 가능하다.
2. 집중력 향상을 기대할 수 있으며, 성취감을 갖게 된다.
3. 다양한 도구와 재료를 통한 촉각 반응을 향상시킨다.
4. 수대를 단단하게 감싸는 과정에 손의 악력이 좋아진다.
5. 낚싯줄로 감는 작업을 통하여 손 근육의 발달을 기대할 수 있다.
6. 식물의 공기정화 기능은 물론 건조한 실내를 촉촉하게 하여 가습효과를
   기대할 수 있다.
7 환자의 경우 프로그램에 집중함으로서 통증 감소 등의 효과를 기대할 수
   있다.(보호자가 도와줘 가며)
8. 사랑하는 가족에게 정성스럽게 직접 만든 작품을 선물함으로 고마움을
   표현할 수 있다.
9. 대상자가 떠난 뒤 사랑하는 가족들이 대상자를 기억하고 추억할 수 있는
   선물이 될 수 있다.

정리 :
  각자 만든 곰 토피어리에 사랑하는 마음을 담아 정성 들여 식물을 키워서 자기 성취감과 자신감을 갖는다. 각자 만든 곰을 이름을 붙여주고 사랑의 표현을 하는 시간 갖는다. 호스피스 환자의 경우 선물을 받은 가족들이 식물을 정성스럽게 키우며 대상자를 기억하고 추억함으로써 상실감을 덜어주고 슬픔을 딛고 다시 살아갈 힘을 얻기를 소망하며 작품을 마무리할 수 있다.

● 자금우[f]는 자금우과로 음이온 발생량이 가장 우수하며 공부방에 두면 집중력을 도와준다. 톨루엔 제거 능력도 좋은 식물이며 실내에서 기를 때에는 직사광선이 들지 않는 곳에 두는 것이 좋다. 상록 활엽성 관목으로 원산지는 한국으로 일본, 대만, 중국 등에 분포하며 우리나라 울릉도, 제주도, 남해안에 자생한다. 잎 가장자리에는 작은 거치가 있으며, 꽃은 6월에 흰색의 작은 꽃이 핀다. 직사광선과 고온건조를 피하여 온도와 습도관리에 유의한다.

● 토피어리의 효과[b]
공기 중의 오염물질을 흡착하여 공기정화
식물을 보는 것만으로도 왼쪽 뇌의 전두부와 측두부의 활동력이 높아져 사고와 기억력을 주관하는 부위의 활동력이 증가

아이들의 자연학습 효과 및 자연 습도조절 기능, 다양한 변화성, 관리의 편리성
심리적 안정감과 안식처 역할 – 정신건강에 도움 주는 식물요법 (Therapy 효과)
지속적인 아름다움(쉽게 시들지 않아 오랫동안 식물과 친구)

토피어리 만들기(여러 종류의 장미를 이용)

대상 : 초, 중등 학생, 성인 누구나(장애인 가능)
준비물 : 장미 4종류, 왁스플라워, 유칼립투스, 소국, 플로랄 폼, 나뭇가지, 꽃가위
목표 : 생화와 플로랄 폼을 이용하여 토피어리를 만들며 정서적 안정, 창의력
　　　발달 및 컬러 감각 형성
도입 : 토피어리의 뜻과 유래에 대하여 설명하고 생화를 이용하여 다양한 모양으
　　　로 꾸밀 수 있음을 설명한다.

전개 :
1. 꽃의 이름과 특징을 알아본다.
2. 플로랄 폼 1/2은 용기 안에, 나머지는 둥글게 다듬는다.
3. 용기 안에 나뭇가지를 꽂고 그 위에 다듬은 플로랄 폼을 꽂는다.
4. 장미를 십자 모양으로 꽂아 중심을 잡는다.
5. 장미를 중심으로 안개와 왁스플라워 등으로 공간을 채워 원형이 되게 한다.
6. 그린 소재를 이용하여 전체적으로 구형이 되게 꽂는다.
7. 아랫부분의 플로랄 폼도 남은 꽃을 이용하여 아름답게 꽂아 마무리한다.
8. 각자의 이름을 붙여서 자존감을 높게 한다.
 • 장애인의 실습 시 보조원으로 하여금 돕게 하여 원만하게 이뤄지게 한다.
　(플로랄 폼에 꽂는 모든 꽃은 사선으로 잘라서 꽂는다)

기대효과:
1. 다양한 꽃의 이름을 알 수 있고 여러 가지 색감을 느낄 수 있다.
2. 꽃가위와 칼의 사용함으로 소 근육 발달의 기대와 집중력을 향상시킬 수 있다.
3. 모양을 만들어 가는 도형 감각을 익힐 수 있다.
4. 꽃을 이용하여 다양한 모양을 표현할 수 있다.

정리 :
　완성된 작품을 감상하고 꽃의 수명을 연장할 수 있는 방법과 장식할 장소에 대하여 이야기한다. 꽃을 이용한 장식은 인간의 감성을 부드럽고 섬세하게 만들어줌을 알고 작품의 완성으로 성취감을 얻는다. 쓰고 남은 가지 등은 짧게 잘라 뒷정리한다.
 • 왁스플라워[b]는 서호주가 원산지인 상록성 관목으로 화려한 꽃과 뾰족한 잎이 특징이다. 다섯 개의 꽃잎으로 이뤄진 앙증맞은 꽃으로 화관 만들기나 여러 꽃장식에 사용하면 고급스런 느낌이 난다. 꽃말은 변덕스러움, 섬세함, 귀여움

토피어리 만들기 – 생화를 이용한 플라워 토피어리

대상자 : 남녀노소 누구나 꽃에 관심 있는 사람

목표 : 생화를 이용하여 토피어리를 만듦으로 정서적 안정과 창의력 발달 및 컬러 감각을 형성한다. 나의 삶을 돌아보며 현재의 삶에 대한 감사함을 생각한다.

준비물 : 여러 종류의 꽃(미니장미, 스타치스, 유칼립투스, 안개, 소국 등), 용기, 플로랄 폼, 나뭇가지, 가위 등

도입 : 토피어리의 뜻, 유래 및 실내장식의 용도에 대하여 설명한다.

전개 :

1. 꽃의 이름과 특징을 설명한다.

2. 플로랄 폼을 1/3로 나누어 메인 플로랄 폼을 구 형태로 다듬는다.
3. 플라워 볼을 세워 둘 지지대는 플로랄 폼을 화분에 맞게 잘라서 고정하고 지지대로 나뭇가지를 꽂아 준다.
4. 식물의 물 올림을 위하여 사선으로 자르고 1.5-2cm 정도 깊이로 꽂아 준다.
5. 구를 180도로 나누어 기준점을 맞춰 메인 꽃으로 크기를 정하고 흔들리지 않도록 단단히 꽂는다.(상/하)
6. 나머지 꽃으로 전체적으로 모양을 잡아가며 꽂는다.
7. 아래쪽 화분 쪽 부분에도 남은 꽃을 이용하여 아름답게 장식하여 마무리한다.
8. 이름을 지어보고 누구에게 선물할 것인지 생각해 본다.

기대효과 :
1. 꽃의 종류와 이름을 익히고 다양한 꽃들의 색감을 느낀다.
2. 볼의 모양을 만드는 과정을 통해 도형 감각을 익히며 동물 모양 같은 다른 모양으로도 만들 수 있어 창의력이 기대된다.
3. 꽃을 꽂는 과정에 정서적 안정, 자존감 회복 등 심리치료 효과를 볼 수 있다.
4. 아이들의 경우 자연학습 효과 및 정서발달에 도움을 준다.

정리 :
 자신감과 성취감을 느끼며 스스로에게 감사함을 표현하는 시간을 통하여 긍정적인 자아상을 갖게 된다.

• 토피어리[8]란 식물을 인공적으로 다듬어서 다양한 모형으로 만든 작품으로 그 뜻은 인공적으로 다듬거나 자르는 기술을 말한다. 정원사가 나무에 topia라는 라틴어 이니셜을 새긴데 서부터 유래되었다. 식물뿐만 아니라 생화로도 다양한 꽃장식이 이뤄진다.

테라리움 (Terrarium)이란?[10]

테라리움의 정의

 테라리움이란 습도를 지닌 막힌 용기 속에서 식물을 키우는 원예방식 가운데 하나로 좁은 실내 공간에서도 가꿀 수 있고, 힘들이지 않고 기를 수 있기 때문에 가정이나 사무실에서 인기가 높다. 수분이 순환되고 빛이 투과하는 용기 내에 여러 가지 식물을 심어 작은 정원을 연출하는 것으로 습도가 낮은 실내에서 테라리움을 이용하여 작은 정원을 감상할 수도 있는 장점이 있다.

역사

 1829년 런던의 내과 의사(Ward)가 밀폐된 용기에서 나방과 나비의 유충에 관한 연구를 하던 중 양치류 식물이 용기(Wardian case) 안에 자라는 것을 보고 착안한 데서 유래되었다.

원리

 적당한 빛만 있으면 용기 속에서 물과 산소가 순환되어 식물 생장이 가능하다 빛은 탄소 동화 작용을 위한 열과 에너지를 공급하고 호흡 시 발생된 탄산가스와 토양 속의 수분은 탄소 동화 작용(광합성)의 요소가 된다. 토양 속의 양분은 식물이 생장하고 정상적인 기능을 유지하는 원동력이 된다.
 이화 작용(異化作用 : 호흡작용)하는 동안에 발생된 이산화탄소는 다시 광합성의 원료가 되며 이러한 작용이 용기 안에서 순환적으로 이루어지기 때문에 식물의 생육이 가능하다.
 잎에서 증발된 수분은 용기 벽면에 물방울로 맺혀 있다가 토양 속으로 스며들며 다시 뿌리로 빨아올려지며 이러한 방법으로 산소, 탄산가스, 수분이 계속적으로 순환된다.

 (광합성작용, 호흡작용, 수분의 순환 작용, 배수층의 형성 등으로 설명)

$$CO_2 \ + \ H_2O \ \xrightarrow{\text{빛E}} \ (CH_2O)_n \ + \ O_2$$

용기

 유리병, 투명 플라스틱 용기, 어항 등도 좋은 테라리움 용기가 될 수 있다. 방식에 따라 테라리움은 밀폐식 또는 개방형으로 나뉜다. 밀폐식 테라리움 용기는 용기 안의 온도가 밖의 온도보다 3, 4℃ 정도 높아서 창문 가까이 놓아두면 강한 광선에 견디기 어려우므로 강한 광선은 피하는 것이 좋다.

개방식 테라리움은 용기 안과 밖의 온도가 조절되며 식물과 토양을 손으로 다룰 수 있어 식물을 기르거나 관상하기에 쉬운 장점이 있다.

용토
 이상적인 용토는 가볍고 공기 유통이 잘 되어야 하며 항상 수분이 유지될 뿐 아니라 병균과 벌레가 없는 깨끗한 인공토양이 이상적이다.

배수층
 마사토, 하이드로볼, 숯 등이 이용하는데 마사토가 가장 많이 쓰인다.
숯은 배수층 물질 위에 작게 잘라 얇게 깔아주며 식물 뿌리에서 나오는 노폐물을 흡수하고 과다한 염분을 흡수하는 역할을 한다.

테라리움 만들기 요령

1. 용기를 물기가 없이 깨끗이 닦아 놓고(물기가 있을 시 색 모래로 무늬 내기가 어렵다) 용기 크기에 알맞은 비슷한 성질의 식물들을 선택하여 병들거나 시든 잎은 제거한다.
2. 마사토나 하이드로볼을 이용하여 배수층을 만들며 숯은 보이지 않도록 중앙에 넣고 용토를 넣은 다음 유리면으로 아름다운 색이 보이도록 색 모래를 장식한다.
3. 가장 주가 되는 식물을 화분에서 빼내어, 너무 긴 뿌리나 상한 뿌리도 잘라서 정리하고 뿌리부터 용기 안의 흙 위에 안착시킨다.
4. 남은 식물도 처음 심은 것과 어울리게 서로 대비를 주어서 흙을 잘 다져 가며 심는다.
5. 식물의 포기를 높낮이를 조절해서 모아 심기 한다.
6. 식물을 다 심은 후에는 이끼나 마사토를 깔아서 마무리한다. 흙 표면으로 증발되는 수분 방지 및 수분 공급 시 흙이 씻겨 내려오지 않는 역할과 잔디와 같은 효과를 낸다.
7. 식물 옆에 색 모래, 자갈, 돌 등을 적당히 깔아 자연스럽게 정원을 연출한다 (여러 가지 피규어나 인공용품도 가능)
8. 분무기로 식물 잎에 묻은 먼지와 용기 벽면에 붙은 모래 등을 씻어 내린다. 스프레이 후 약 일주일 정도 음지에서 관리하는 것이 좋다.

● 테라리움 만들 시 버려지는 긴 숟가락을 이용하면 식물 심기에 편리하며 자원을 아끼는 효과도 있다.

테라리움 만들기 - 관엽식물 이용

대상 : 중 고등학생, 일반인, 노인 등

목표 : 식물의 특성을 이용하여 창의적인 작품을 만들 수 있다.
　　　　테라리움을 이용해 실내를 장식할 수 있다.

준비물 : 유리 용기, 관엽식물 등, 숯, 색 모래, 마사토, 이끼, 배양토, 색돌

도입 : 테라리움의 역사에 대한 설명과 식물의 광합성에 대한 설명을 한다.

전개 :
1. 식물은 심기 전에 잎과 뿌리를 깨끗하게 정리한다.
2. 깨끗이 닦아서 말린 용기의 바닥에 하이드로볼 혹은 마사토 등을 넣어 배수층을 만든 다음 소독된 배양토를 넣는다.(높이는 용기의 1/4-1/3정도)
3. 색 모래를 이용하여 용기를 장식한다.
4. 구성한 소정원을 구도를 잡아가면서 식물을 심는다. 이때 큰 식물 먼저 배식하고 작은 식물은 나중에 배식한다.
5. 입자가 굵은 색 모래나 마사토, 이끼 등을 화분 흙 위에 얹어 장식한다.
6. 일단 소정원이 완성되면 소형분무기를 사용하여 관수 한다.
7. 나만의 테라리움의 이름을 지어 본다.
8. 용기 밖을 깨끗이 닦은 후 1주일 정도 그늘에 며칠 두어 배식한 식물의 활착을 돕는다.

기대효과 :
:1. 식물의 생육에 대하여 이해할 수 있다
2. 손의 미세 근육 운동을 통하여 관절 가동범위가 향상된다.
3. 용기 내부를 장식하고 식물을 심는 과정을 통하여 집중력을 키울 수 있다.
4. 완성된 작품으로 성취감을 갖게 된다.
5. 유리 용기 외에 플라스틱 용기나 페트병을 이용하여 테라리움을 만들 수 있다.
 • 주의 : 색 모래 사용으로 테라리움 용기의 표면을 꾸미는 것은 좋으나 색 모래가 식물의 뿌리에 닿지 않도록 주의

정리 :
1. 물 빠짐 구멍이 없기 때문에 과습 상태가 되지 않도록 주의한다.
2. 자신이 만든 테라리움을 책임감을 갖고 기르도록 한다.
3. 테라리움을 직접 관리하는 법을 설명한다.

플라스틱 통을 이용한 테라리움 만들기 :
산드리아, 무늬 산호수, 페페로미아, 핑크스타

플라스틱 컵을 이용한 테라리움(스투키와 다육식물)

tip : 플라스틱 컵이나 원통에 색 모래로 무늬를 만들 때 아스테이지나 작은 생수
통을 사이즈에 맞게 잘라 안에 넣은 후 색 모래를 넣어가며 무늬를 만들 수 있
다.

테라리움 만들기 - 나만의 미니정원 만들어 봐요

대상자 : 청소년(중등 학생)
준비물 : 용기, 죽백나무, 화이트스타, 피토니아, 마사토, 색 모래, 용토, 꾸밈 돌
목표 : 관엽식물로 작은 용기에 테라리움을 만들어 봄으로 정서적 안정감, 책임
　　　감 및 자존감을 향상시킨다.
도입 : 식물의 광합성에 대하여 설명하고 배수 구멍이 없는 유리 용기 안에서 어
　　　떻게 식물이 살아갈 수 있을까에 대하여 의견을 나눈다.
전개 :
1. 재료 분배 및 식물의 뿌리를 정리한다.(너무 긴 뿌리는 잘라도 무방)
2. 마사토로 배수층 만들고 배양토를 용기 높이의 1/4 - 1/3정도 넣어 준다.
3. 색 모래를 이용하여 무늬를 만들어 준다.
4. 중심에 죽백나무를 심고 화이트스타와 피토니아를 곁에 심는다.
5. 색 돌과 꾸밈 돌로 마무리한다.
6. 스프레이로 용기 가장자리를 씻어내듯 물을 준다.
7. 나만의 테라리움 정원의 이름을 지어본다.
기대효과 :
1. 테라리움을 만들어 봄으로 유리 용기 안에서 식물의 생육을 이해할 수 있다
2. 식물을 심는 과정에서 집중력을 키우며 완성 후 성취감 및 자신감을 기대한
　 다.
정리 : 자신이 만든 테라리움을 책임감을 갖고 관리하게 하며, 물 빠짐이 안 되
므로 과습 상태가 되지 않도록 한다. 유리 용기 안의 식물이 너무 덥지 않도록
직사광선을 피한다.
● 죽백나무[b]는 나한송과로 공기정화 및 습도 조절, 실내 독성물질을 정화해주는
능력이 탁월하다. 잎이 대나무 잎과 비슷해서 붙여진 이름으로 통풍이 가능한 반
그늘에서 기르는 것이 좋다. 생육 적온 16 - 20℃

테라리움 만들기 - 다육식물 이용

대상자 : 초, 중등 학생, 주부, 어르신 등
준비물 : 유리 용기, 다육식물, 마사토, 컬러스톤, 돌, 인형 장식, 다육식물 전용
　　　　　용토, 장식 팻말 등
목표 : 테라리움을 이용해 실내를 장식할 수 있다.
　　　　식물 심는 과정을 통해 집중력을 향상시킨다.

도입 :
　　테라리움의 역사 및 다육식물 소개, 다육식물 길러 본 경험 이야기한다.

전개 :
1. 깨끗하게 닦은 유리 용기 바닥에 마사토를 깔아 배수층 만든다.
2. 다육식물의 흙을 털어내고 다육식물 전용 용토를 이용하여 높낮이를 조절하여
　 다육식물을 심는다.
3. 마사토로 식물을 잘 고정시키고 칼라스톤으로 아름답게 장식한다.
4. 인형과 돌을 적당한 공간에 장식한다.
5. 팻말에 완성된 테라리움의 이름을 써서 마무리한다.

기대효과 :
1. 나만의 미니정원을 만듦으로 성취감과 자신감을 회복한다.
2, 손의 미세 근육을 사용함으로 관절 기능이 향상된다.

3. 용기내부를 장식하고 다육식물을 심는 과정에서 집중력을 키울 수 있다.
4. 다육식물을 이용해 테라리움을 장식함으로 다육식물의 장점을 알 수 있다.

정리 : 각자가 완성한 테라리움의 관리요령을 알게 한다.
다육식물이므로 과습에 주의하여 한 달에 1/2 - 1컵 정도 관수하게 한다.

테라리움 만들기 - 스칸디아 모스와 틸란드시아를 이용

대상자 : 남녀노소 누구나(장애인 가능)
준비물 : 유리 용기, 스칸디아 모스, 틸란드시아 이오난사, 흰 돌, 화산석 등
목표 : 스칸디아 모스와 틸란드시아 이오난사의 특징을 이해하고 실내 공간에 장식할 수 있게 한다.
도입 : 스칸디아 모스의 특징과 틸란드시아의 종류 및 관리 방법을 알아본다.
스칸디아 모스의 색감과 촉감을 느껴본다.

전개 :

1. 유리 용기를 깨끗이 닦은 후 배수층 만드는 느낌으로 흰 돌을 먼저 깔아준다.
2. 화산석을 적당히 배치한다.
3. 스칸디아 모스는 잡티를 제거하여 정리한 후 공간에 적당히 깔아준다.
4. 틸란드시아 이오난사를 화산석과 어울리게 빈 공간에 자리 잡아 준다.
5. 바닷속 산호와 수초 같은 느낌을 주는 테라리움으로 완성한다.

기대효과 :

1. 스칸디아 모스의 특징을 이해하고 부드러운 촉감을 통해 정서적 안정감을 얻을 수 있으며 실내에 장식할 수 있다.
2. 틸란드시아의 종류 및 이오난사의 특징을 알고 공기정화를 기대할 수 있다.

정리 :

누구를 떠 올리며 만들었는지와 완성된 작품을 어디에 둘지 발표한다.
- 스칸디아모스[b] : 공기정화 기능, 탈취기능, 습도 조절 기능 등
- 이노난사[4] : 공기 중의 수분을 흡수하며 공기정화 기능
직사광선 피하고 가끔 분무해준다.
- 스칸디아모스는 물을 스프레이하면 안 되므로 이오난사에만 물 주도록 한다.

8월의 트리 만들기 - 사랑의 메시지를 전해요

대상자 : 중 고등학생, 성인 등
목표 : 나와 주변 사람들에게 사랑의 메시지로 마음을 표현할 수 있다.
준비물 : 삼지닥나무, 메모 종이, 가위, 끈, 색연필
도입 : 눈을 감고 나와 내 주변의 사랑하는 사람 떠올리며 크리스마스 추억에 대한 이야기를 나눈다.

전개 :
1. 종이에 원하는 색연필로 여러 가지의 메시지를 쓴다.
2. 삼지닥나무의 가지에 메시지를 묶어준다.
3. 자기가 쓴 글을 읽고 누구에게 주는 메시지인지 생각을 이야기한다.

기대효과 :
1. 한여름의 끝자락 8월에 눈 내리는 크리스마스를 생각하며 나와 주변 사람에게 사랑의 메시지를 전달하는 산타가 되어보는 시간을 가질 수 있다.
2. 사랑을 표현하는 행복감으로 주위를 따뜻하게 할 수 있다.
3. 마음속의 안정감으로 자존감을 느낄 수 있다.

정리 :
 삼지닥나무(*Edgeworthia spp*)[b]는 팥꽃나무과로 우리나라의 남부에서 재배하는 낙엽성 관목이다. 잎은 어긋나기로 가늘고 길며 뒷면에 털이 있다. 봄에 노란색의 꽃이 잎보다 먼저 피며 나무껍질은 종이를 만드는 데 쓰이고, 껍질을 벗긴 줄기를 꽃꽂이 소재로 쓴다. 작품은 플로랄 폼을 넣은 화기에 꽂아서 선물이나 실내장식용으로 또는 그대로 실내를 장식할 수도 있다. 꽃말은 당신을 맞이합니다.

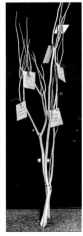

플라워 케익 만들기

대상 : 초등학생, 청소년, 주부, 사회인, 장애인 등
목표 : 생화를 이용하여 플라워 케익을 만들어 지인에게 선물함으로 삶의 소중함
　　　을 알고 기쁨을 나눌 수 있다.
준비물 : 수반, 플로랄 폼, 생화(미니장미, 엽란, 호엽란, 엘엔지움 및 프리저브드
　　　플라워) 리본, 별장식, 장식초, 지철사, 칼

도입 : 자기소개 및 플라워 케익에 대한 설명을 한다.
　　　축하와 나눔에 대한 이야기를 한다.
　　　(꽃이 주는 기쁨과 나눔의 기쁨에 대해 깨닫고 삶의 소중함을 생각한다)

전개 :
1. 꽃의 이름과 특성에 대해 설명한다.
2. 플로랄 폼의 특성 및 사용법에 대해 설명한다.
3. 오아시스의 모서리를 둥글게 다듬어 케익 모양으로 만든다.
4. 엽란을 이용하여 플로랄 폼을 감싸고 지철사로 U핀을 만들어 마무리한다.
5. 미니장미 중 얼굴이 큰 꽃을 먼저 꽂아준 후 나머지를 꽂는다.
6. 프리저브드 플라워와 엘엔지움으로 화형을 살펴 가며 꽂는다.
7. 호엽란으로 특징적인 선을 만들어 준다.
8. 리본과 별장식으로 마무리한다.
9. 작품을 만들며 느낀 점과 누구에게 선물할지 이야기한다.
10. 다른 사람의 작품을 감상하며 서로 칭찬하는 시간을 갖는다.

기대효과 :
1. 소중한 사람에게 선물함으로 더불어 사는 삶의 행복을 맛볼 수 있다.
2. 먹을 수는 없지만 꽃으로 케익을 만들어 플라워 케익이 주는 기쁨을 느낀다.
3. 플로랄 폼을 이용함으로 생화 꽃꽂이를 쉽게 접할 수 있음을 안다.

정리 :
　꽃꽂이가 주는 기쁨과 작품을 만들어 선물하는 기쁨을 동시에 느낄 수 있다.
꽃을 이용한 프로그램을 통해 생동감 있는 원예 활동을 할 수 있다.
다양한 꽃이 주는 색감, 촉감 및 후각을 느낄 수 있고 여유로운 삶을 영유할 수
있음을 깨달을 수 있다.
● 엽란[8]은 백합과로 상록 다년초이다. 잎은 근경에서 군생하며 진녹색과 끝부분
에 연노랑 색의 무늬가 있는 것이 있다. 평행맥이 세로로 되어 있는 단자엽식
물에 속하며 화훼 장식용으로 수요가 많은 편이다.

풍란 옮겨심기 - 넓은 집으로 이사해요

대상자 : 중등 학생 이상 누구나
목표 : 풍란의 습성을 이해하고 잘 가꿀 수 있다.
준비물 : 풍란(대엽 풍란), 화분, 마사토, 바크, 수태 등
도입 : 풍란에 대한 설명과 키워 본 경험을 나눈다.

전개 :
1. 풍란의 종류와 습성에 대하여 설명한다.
2. 풍란과 화분을 나눠준다.
3. 풍란을 포트에서 꺼내서 수태를 약간만 정리하며 수태의 느낌을 알아본다.
4. 화분에 마사토를 깔아 배수가 원활하게 하고 그 위에 바크를 얹어준다.
5. 바크 위에 풍란을 얹고 약간의 수태로 고정시킨다.

기대효과 :
1. 풍란을 감싼 수태를 다듬으며 수태의 촉촉한 느낌을 느끼게 되고 새 화분에 옮기는 동안 집중력이 향상된다.
2. 손동작을 통하여 손의 기민성이 좋아진다.
3. 완성된 작품으로 성취감이 생긴다.

정리 :
풍란[10]은 착생식물로 나무나 돌, 숯에 부착시켜 목부작, 석부작, 숯 부작을 만들 수 있다. 뿌리가 흙이나 물에 잠겨 있으면 안 되며, 겨울에 약간 차갑고 건조하게 관리하면 은은한 향을 내뿜는 꽃을 피울 수 있다.

풍란과 양치식물을 이용한 숯부작

프레임을 이용한 수경식물 장식

대상자 : 중 고등 학생, 성인 등
준비물 : 사각 나무 프레임, 행운목, 색 끈, 재활용 컵, 화이트 펄 스타핑,
　　　　조화장식, 스티커, 스카치테이프
목표 : 수경식물을 통한 정서 안정과 나만의 작품을 완성하므로 창의력을
　　　　발휘한다.
도입 : 행운목에 대한 추억이나 키워본 경험 나누기와 일회용 컵의 재활용으로
　　　　환경에 대한 생각을 나눈다.
전개 :
1. 나무 프레임과 행운목 및 재료를 나눠준다.
2. 나무 프레임의 촉감을 느끼게 한다.
3. 재활용 컵에 화이트 펄 스타핑을 깔아서 반짝이는 느낌을 연출한다.

4. 약간의 물을 넣어 준다.

5. 행운목을 위치를 잡아서 넣어 준다.

6. 스카치테이프를 이용하여 조화장식을 아름답게 고정시킨다.

7. 색 끈(혹은 리본)을 리본 모양으로 묶어서 프레임에 장식한다.

기대효과 :

1. 일회용 컵도 요긴하게 재활용하는 방법을 앎으로 환경오염에 대해 깨닫게 한다.

2. 자연의 나무 촉감을 느낌으로 정서적으로 안정감을 찾는다.

3. 창의력을 발휘하여 아름답게 장식한 작품으로 선물할 수 있는 기쁨과 자신감을 느끼게 한다.

정리 :

공기정화 기능이 있는 행운목은 아시아, 아프리카에 자생하며 습한 열대림에 자생하는 식물이다. 자생지가 주변 식생에 둘러싸인 곳이기 때문에 반양지, 음지에서도 잘 자라는 특징이 있다. 생육 적온 21~25℃로 물은 겉흙이 마르면 관수해 준다.

프리저브드 플라워를 이용한 캔버스 장식 - 매일 위로가 되는 캔버스 창작

대상자 : 초, 중등 및 성인 누구나
목표 : 자신 혹은 주고 싶은 사람에게 위로가 되는 글을 적어보고 꽃다발을 만들어 캔버스에 붙여 힐링 액자를 만듦으로 창의력 및 자존감을 향상시킨다.
준비물 : 캔버스 액자, 이젤, 프리저브드 플라워, 리본, 글루건, 리본, 캘리 펜, 좋은 글 모음,
도입 : 캔버스에 쓸 나의 좌우명이나 힘 되는 글귀를 생각하고 다양한 프리저브드 플라워의 색감을 느껴본다.

전개 ::
1. 매일 되뇌이고 싶은 좋은 글을 연습 종이에 적어본다.
2. 캔버스에 꽃다발을 어떻게 장식할지 구상한다.
3. 프리저브드 플라워를 이용하여 작은 꽃다발을 만든다.
4. 꽃다발을 마 끈이나 리본으로 완성한다.
5. 구상했던 구도대로 꽃다발을 글루건을 이용하여 캔버스에 붙인다.
6. 생각해 두었던 글귀를 캘리 펜으로 캔버스의 여백에 적는다.
7. 바탕에 그려 넣고 싶은 그림을 추가 한다.(산, 나무, 별 등)

기대효과 :
1. 나에게 힘이 되고 위로가 되는 글귀를 생각하면서 마음의 안정을 얻는다.
2. 나만의 꽃다발을 만들며 소 근육 발달, 집중력과 창의력이 향상된다.
3. 꽃과 함께하는 시간으로 힐링시간을 가질 수 있다.
4. 나만의 아름다운 작품을 만듦으로 만족감 및 자존감이 향상된다.

정리 : 자신이 선택한 글귀를 서로 공유하면서 공감하는 시간을 갖으며, 타인의 글귀에도 공감하면서 공동체 의식을 고취할 수 있다.

허브를 이용한 미니정원 만들기

대상자 : 대학생, 직장인, 주부
목표 : 허브를 이용하여 작은 정원을 만드는 과정을 통해 심리적 안정을 도모하고 실제 요리에도 이용할 수 있다.
준비물 : 식용 허브 3종류, 미니정원용 긴 화분, 맥반석, 배양토, 이름표
도입 : 알고 있는 허브나 길러본 경험을 이야기하며, 허브의 종류 및 효능에 대하여 설명한다.

전개 :
1. 미니정원을 만들 화분에 망을 깔아서 토양이 새지 않게 한다.
2. 마사토를 깔아 배수가 용이하게 한다.
3. 허브를 심기 전에 배양토를 조금 넣어 준다.
4. 포트에서 허브를 빼서 뿌리를 살펴보게 한다.(하루 전에 물을 충분히 주면 포트에서 식물이 잘 빠진다.)
5. 상한 뿌리나 묵은 뿌리는 잘 정리하여 심어준다.
6. 마사토로 마무리 하고 충분한 물을 준다.
7. 각 허브의 이름을 붙여주고 가능하면 나만의 정원 이름을 지어준다.
8. 서로의 작품을 비교하며 칭찬의 시간을 갖는다.

기대효과 :
1. 심신 안정과 향기 효과를 기대할 수 있다.
2. 작품의 완성으로 성취감이나 자존감을 향상시킬 수 있다.

3. 실내에 장식함으로 싱그러움을 만끽할 수 있다

정리 :

 허브 식물은 지중해가 원산지로 종류도 100여 가지 이상이다. 종류마다 각기 다른 향을 가지며 특유의 정유(Essential Oil) 성분으로 뇌를 자극하여 심신을 안정시키고 스트레스 해소에 도움을 준다. 실내에 만든 미니정원은 가끔씩 햇볕에 내놓아야 싱그럽게 잘 자랄 수 있다.(허브는 통풍과 햇빛이 중요)
미니정원에도 작은 자갈을 사용하면 더 자연스러운 정원을 만들 수 있다.

허브를 이용한 향기 주머니 만들기 – 포푸리 만들기

대상자 : 초, 중등 학생, 일반인, 노인 등
목표 : 허브향으로 후각을 자극하고 정서 순화에 도움을 주며 소 근육의 발달을 향상시킨다.(노인의 경우 후각 회복을 통한 인지능력의 향상)
준비물 : 주머니, 건조 허브(로즈마리, 라벤더), 다시 백, 가위

도입 : 다양한 허브를 이용한 실생활의 활용 방법에 대하여 이야기 하며 알고 있는 허브의 종류를 이야기한다.
전개 :
1. 허브의 종류와 특성에 대해 이야기 해 본다.
2. 허브를 수확 후 건조하는 방법에 대해 설명한다.

3. 건조된 허브를 줄기를 제거하여 잘게 정리해준다.

4. 줄기를 제거하며 허브를 만져보고 향을 맡게 한 후 느낌을 이야기하게 한다.

5. 다시 백에 건조 허브를 담는다.

6. 예쁜 주머니에 넣어서 향기 주머니에 대한 활용에 대하여 발표한다.

7. 어디에 둘지 아니면 누구에게 선물할지에 대한 이야기 한다.

기대효과 :

1. 허브 향을 이용한 후각의 향상 및 향기 주머니를 만들면서 손의 감각이 발달된다.

2. 허브 이름을 알 수 있고 실생활에 이용할 수 있다.

정리 :

포푸리란[b] 방향을 향료와 섞어서 단지에 넣은 것이라는 의미를 갖는 향기 주머니를 말하며 허브를 건조하여 오랜 기간 실생활에서 활용하였다. 꽃과 식물의 건조과정을 통해 향과 아름다움을 오랫동안 즐길 수 있으며, 아름다운 향기 주머니를 만들어 자동차 안이나 실내에 두어 정서적 안정을 취할 수 있다.

• 로즈마리 : 정신 집중, 피로 회복

• 라벤더 : 긴장 완화, 살균, 방부 효과, 불면증 치료, 화상치료

해송나무 순치기

대상자 : 분재에 관심 있는 일반인

목표 : 소나무 순치기를 통해 나무의 수형을 가꿈으로 성취감과 집중력을 높인다.

준비물 : 소나무(해송) 분재(4년생), 세지 가위, 장갑, 앞치마 등

도입 : 소나무의 종류 및 수정, 번식 과정, 순치기의 필요성을 설명한다.

전개 :

1. 침엽수인 솔잎의 특성으로 인한 손질의 어려움을 설명하고 세지 가위의 안전한 사용법을 설명한다.
2. 송순의 크기 변화에 따라 자르는 위치와 방법을 설명한다.
3. 솔잎을 잡는 방법과 솔잎을 뽑아 제거하는 이유를 설명한다.
4. 순치기를 통해 수형의 변화 과정을 살펴보게 한다.

기대효과 :

1. 소나무의 특성에 대하여 이해할 수 있다.
2. 소나무의 생육 과정 및 환경을 이해할 수 있다.
3. 잘라야 하는 순과 남겨야 될 순을 결정하는 사고를 반복함으로써 집중력을 키울 수 있다.
4. 솔잎에 함유된 피톤치드가 머리를 맑아지게 하고 상쾌하며 편안함을 준다.
5. 순치기 과정을 통해 전체적인 균형감과 성취감을 얻을 수 있다.

정리 :

작업을 마무리하고 소나무의 수형을 감상하는 시간을 갖는다.

햇빛과 통풍 등 소나무 관리요령과 물주는 방법을 설명한다.

소나무 키우는 과정을 통해 계절변화는 물론 반려 식물로서의 가치를 이해한다.

• 순치기의 목적[10]은 가지의 힘을 조절하여 새순을 많이 돋게 하여 잔가지를 만들기 위해 행하며, 해송에서는 잎을 짧게 하는 단엽법으로 한다. 순치기 유의 사항은 순치기 전에 충분히 거름을 주어 수세를 올려놓으며, 고목의 경우 심한 분갈이를 한 해는 순치기를 삼간다. 해송은 매년 순치기를 하지 않으며 분갈이 한 경우에는 완전히 활착한 후에 행하고 대개 6~7월경에 한다.

순치기 전 모습   순치기 후 모습

226

허바리움(Herbarium) 만들기 I - 새해 소망 비는 시간

대상자 : 직장인, 대학생, 주부 등 새해 소망을 비는 모든 이
목표 : 오래도록 생화 느낌을 주는 프리저브드 플라워로 하바리움을 만들어 인테리어 소품을 만들고 건강과 새해 소망을 빌어보는 시간을 갖는다.
준비물 : 용기, 프리저브드 플라워(엘로우 라그라스, 그린 안개, 엘로우 수국, 그린 수국), 가위, 핀셋(나무 스틱 대체), 스파클링초핑, 하바리움 용액, 장식 끈
도입 : 하바리움의 어원과 프리저브드 플라워의 쓰임새를 알아본다.
전개 :
1. 주어진 소재를 종이 위에 배치하여 디자인하여 본다.
2. 용기 크기에 맞춰 프리저브드 플라워를 손질한다.
3. 핀셋 혹은 스틱을 이용하여 용기에 꽃을 조심스럽게 넣는다.
4. 하바리움 용액을 부어준다.
5. 뚜껑을 닫고 용기를 장식 끈과 남겨둔 안개꽃으로 장식한다.
기대효과 :
1. 꽃을 디자인하는 과정을 통해 스스로의 마음을 정화하는 시간을 갖는다.
2. 프리저브드 플라워의 제조 방법 및 다양한 쓰임새를 안다.

정리 : 각자 만든 허바리움을 스마트폰의 손전등을 켜서 불빛으로 비춰보며 새해의 소망과 건강을 빌어보며 서로의 작품을 공유한다.
투명도가 높은 용기를 사용하며 허바리움 용액은 식물표본 오일로 미네랄오일, 실리콘오일 등이 사용된다.
프리저브드 플라워란 글리세린 등이 첨가된 특수용액에 꽃을 담가서 생화 느낌으로 오랫동안 볼 수 있도록 가공한 꽃을 말한다.

허바리움(Herbarium) 만들기 II - 물속에 꽃이 피네

대상자 : 소심한 조손가정 청소년
목표 : 원예활동을 통한 정서 함양, 사회성 강화 및 자신감을 회복한다.
준비물 : 허바리움 용기, 프리저브드 플라워(안개꽃), 미네랄오일, 핀셋, 가위

도입 : 프리저브드 플라워에 대한 설명과 활용할 수 있는 식물을 알아본다.
      간단한 손 운동 등으로 분위기를 밝게 한다.
전개 :
1. 재료를 나눠 주며 좋아하는 색상의 프리저브드 플라워를 선택하게 한다.
2. 장식할 디자인을 먼저 생각하고 가위로 크기를 맞춰 잘라 놓는다.
3. 핀셋을 이용하여 용기 안에 프리저브드 플라워를 디자인한 대로 넣는다.
4. 미네랄오일을 용기 입구까지 가득 채우고 뚜껑을 닫아준다.
5. 꽃과 함께하는 시간으로 나에게 몰입하는 시간을 갖는다.
6. 실내를 소등하고 용기의 전기 스위치를 눌러서 반짝이는 모습을 관찰한다.
7. 친구들의 작품을 감상하며 서로 칭찬하는 시간을 갖는다.
8. 누구에게 선물할지 혹은 어디에 장식할지 발표한다.

기대효과 :
1. 식물의 다양한 보존 방법을 알 수 있다.
2. 식물의 창조적 파괴를 통한 작품의 완성으로 자신감을 회복할 수 있다.
3. 친구들의 작품을 서로 비교하며 칭찬하므로 사회성이 길러진다.
4. 나를 표현하는 방법을 알 수 있다.

정리 : 프리저브드 플라워[b]란 특수 보존액에 가공 처리하여 생화의 보존기간을 늘린 보존화이며 허바리움은 프리저브드 플라워와 오일을 활용한 인테리어 공예품이다.

허바리움(Herbarium) 무드 등 만들기 - 우리 집 분위기 바꿔봐요

대상자 : 초, 중등 학생
목표 : 꽃을 오랫동안 보관할 수 있는 방법에 대해 알아보고 집안을 장식하는
허바리움을 스스로 만들어 보면서 성취감 느끼며 시각적 만족감을 향상
시킨다.
준비물 : 허바리움 용기, 프리저브드 플라워(라그라스, 수국, 안개꽃), 보존용액
(100 ml), 핀셋, LED 램프, 건전지, 지끈 등
도입 : 프로그램 시작 전 가벼운 몸풀기로 분위기를 이끈다.
허바리움의 뜻과 만들 때 필요한 재료에 대해 알아본다.
여러 종류의 프리저브드 플라워를 관찰하며 활동지에 그림으로 그려본다.
전개 :
1. 용기의 뚜껑을 열고 핀셋을 이용해 꽃을 넣어 준다.
2. 꽃을 넣은 후 보존액을 넣어 준다.
3. 꽃과 용액을 모두 넣은 후에 뚜껑을 잘 닫아준다.
4. 허바리움 뚜껑 주변을 지끈을 이용해 꾸며준다.
5. 선물 택에 자신이 쓰고 싶은 문구를 써서 뚜껑에 걸어준다.
6. 완성된 허바리움을 LED램프에 올려주고 서로의 작품을 감상하는 시간을 갖기.
7. 누구를 위해 만들었는지, 어디에 둘 것인지 이야기를 나눈다.
기대효과 :
1. 순서에 따라 스스로 완성함으로 성취감을 느낄 수 있다.
2. 서로 작품을 감상하면서 칭찬해주는 시간을 통해 자존감을 높일 수 있다.
3. 자신의 생각과 느낌을 이야기하는 것뿐만 아니라 상대방의 이야기에 경청함으
로 상호작용을 이룰 수 있다.
4. 허바리움의 특성상 한번 만들면 오랫동안 감상할 수 있다.
5. 허바리움으로 집안을 화사하게 장식할 수 있는 인테리어 효과도 있다.

정리 :
 용액의 점도가 높기 때문에 용액을 한 번에 넣는 것이 아니라 꽃을 넣고 용액
넣기를 반복한다.
LED 램프의 건전지는 교환이 가능하므로 불을 켠 채로 오랫동안 분위기를 즐길
수 있으며, 꽃을 넣을 때는 너무 많이 넣어서 답답한 것 보다 여백의 미를 표현
하는 것이 좋다. (꽃을 패키지로 주문했을 때 1인분으로 2인이 사용해도 괜찮다.)
• Herbarium[b](식물표본)은 허브(Herb)와 Aquarium의 합성어로 Herbaflorium
 이라고도 한다.

힐링 타임 - 꽃차가 있어서 행복해요

대상자 : 학생, 일반인, 노인, 장애인 등 모두
목표 : 아름다운 자연의 색과 향을 내는 꽃차를 마시며 일상의 회복을 돕고 심신
안정과 정서 순화에 도움을 받는다.
준비물 : 말린 꽃차 재료(천일홍, 메리골드), 말린 과일 , 꽃차용 티 포트 셋트
도입 : 꽃차의 재료가 되는 식용 꽃의 종류와 생육환경, 꽃차를 즐기는 기본 원
리에 대해 간단히 설명한다.
전개 :
1. 시작 전 손 소독을 한다.
2. 테이블을 세팅한다.
3. 꽃차용 티 포트에 말린 꽃(천일홍, 메리골드)을 각각 넣는다.
4. 끓인 물을 티 포트에 조금 넣어 꽃을 행군 후 행군 물은 버린다.
5. 끓인 물을 다시 넣고 꽃차 색이 우려 나오기까지 기다린다.
6. 말린 과일도 동일한 방법으로 우려낸다.
7. 준비된 찻잔에 따라 마시는 시간을 갖는다.
8. 차를 마시면서 서로에게 덕담으로 힐링의 시간을 갖는다.
기대효과 :
1. 우린 꽃차의 천연색과 향을 통한 힐링을 기대할 수 있다.
2. 식용 가능한 꽃의 종류와 다양한 효능을 알 수 있다.
3. 꽃차의 우림 색을 관찰하며 여러 특징을 파악할 수 있다.
4. 유리 포트에서 피어나는 꽃의 모양과 색을 보고 향과 맛을 음미하는 시간을
가짐으로 정서 순화에 도움이 된다.

정리 :
  주변을 정리하고 꽃차를 마시며 서로에게 위안이 되는 시간을 공유함으로 힐
링의 효과가 있다. 프로그램을 마치는 마지막 회기에 참여자들과 함께 하면 좋
다. 장애인에게도 우러난 꽃 차색을 보여주고 차를 음미하게 하면 의미 있는 시
간을 갖게 할 수 있다.
● 천일홍[10] 혈액순환을 원활하게 하여 몸을 따뜻하게 해주며 기침을 멈추게 하고
천식을 안정시키는데 도움을 준다. 돌발적인 두통이나 피부염에도 사용하며 갑상
선종, 불면증, 콜레스테롤 분해에도 효과가 있다. 천일동안 색이 바래지 않는다
하여 붙여진 이름으로 드라이플라워로 활용해도 좋다.
● 메리골드[10]는 양지바른 모래흙에서 잘 자라며(높이 30~60cm), 꽃은 초여름부터
서리가 내릴 때까지 피지만 온상에서 기른 것은 5월에 핀다. 지름 3~4cm 정도로

서 황금색에 가까운 갈색이 섞인 붉은색으로 말려서 색소로 이용하기도 한다.

메리골드는 눈에 좋은 루테인을 함유하고 있으며 하루 적정 섭취량은 16.5g(루테인 하루 권장량 20mg)으로 손으로 집었을 때 3~4줌 정도이다. 다만 국화과의 꽃에 알레르기가 있는 사람은 섭취를 제한해야 한다. 메리골드의 효능은 꽃잎을 달인 차는 살균, 소염작용이 있으며, 소화불량과 월경불순에도 효과가 있다.

꽃이나 여린 잎은 샐러드로, 추출액은 화장수로 이용되고, 피부미용에도 효과가 있다. 꽃을 우려내어 만든 로션은 모공을 줄이고, 피부에 영양을 주어 깨끗하게 하며 피부의 얼룩이나 뾰루지를 깨끗하게 한다.

참고 문헌

1. 상담심리학의 이론과 실제, 천성문 외, 학지사
2. 생활원예, 문원 외, 한국방송통신대학 출판부
3. 아이디어 관엽식물, 고림성년, 전원출판사
4. 원예와 함께 하는 생활, 서정남 외, 부민 문화사
5. 원예예술치료 전문지도사, 김은경, 도서 출판 기억발전소
6. 원예치료, 손기철 외, 도서 출판 서원
7. 원예프로그램 지도자, 농촌진흥청
8. 전문적 원예치료를 위한 평가도구 및 프로그램, 손기철 외, 쿠북
9. 전문적 원예치료의 실제, 손기철 외, 쿠북
10. 화훼원예대백과, 차건성, 오성출판사
11. 화훼장식과 꽃꽂이, 김광수 외, 아카데미 서적
12.. 화훼장식기능사 적중수험서, 김광식 외, 광문각
13. 프레스 플라워, 이진선, 크라운 출판사

출처
 a. http//blog.daum.net/leehku/36
 b. http//blog.naver.com
 c.. http//naver.com/hphouse.kr.
 d.. http//realfoods.co.kr
 e. http://riho.tistory.com
 f. https//nihhs.go.kr(국립원예특작과학원, 생활원예)

원예치유의 길잡이

1판 1쇄 발행 2022년 11월 4일

저자 김영숙

편집 김다인 **마케팅** 박가영 **총괄** 신선미
펴낸곳 (주)하움출판사 **펴낸이** 문현광

이메일 haum1000@naver.com **홈페이지** haum.kr
블로그 blog.naver.com/haum1000 **인스타그램** @haum1007

ISBN 979-11-6440-236-6(13520)